Les Centurions d'Alexandre

Patrick Manificat

Les Centurions d'Alexandre

Carnet de route du bras armé des services spéciaux français 1975-1981

« Notre employeur se prénomme Alexandre et certains le surnomment « Dagobert », *mais avant que le comte de Marenches ne consente à nous employer, il nous faut maîtriser des disciplines bien étranges… »*

Préambule

« Les guerres secrètes sont une réalité de notre temps » peut-on lire dans le catalogue de l'exposition que le musée de l'armée leur a consacré en 2017, *« elles intriguent, inquiètent ou fascinent »*. C'est le cas des opérations menées par les forces spéciales d'aujourd'hui. Pourtant leurs membres ne possèdent pas de vertus magiques et ne se prennent pas pour des divas. Ils sont « spéciaux » parce qu'ils savent s'adapter à un adversaire « spécial » aussi bien qu'à un allié particulier.

On les dit « non conventionnels » car ils ne veulent surtout pas d'un concept d'emploi qui briderait leur imagination. Ils sont recrutés, formés et entraînés au sein d'une structure organisée pour mener des actions coordonnées et de courte durée « à haute valeur ajoutée ». Ils sont cependant conscients de n'être qu'une partie dans un tout.

Ce fut aussi le cas des opérations spéciales menées par le Groupement opérationnel du 1er Régiment de parachutistes d'infanterie de marine entre 1975 et 1981 aux ordres du Service de documentation extérieure et de contre-espionnage dirigé par Alexandre de Marenches. Le secret de leur objet et de leur déroulement appartient maintenant au passé et la révélation d'une partie d'entre elles ne met nullement en cause la sécurité de l'Etat. Elle éclaire au contraire le présent et illustre la filiation qui existe entre les SAS de 1944 et les forces spéciales de 2019.

Ce livre est dédié à tous ceux qui ont permis que soient écrites par nos parachutistes des forces spéciales ces pages à l'honneur de nos armes et plus particulièrement à ceux qui ont perdu la vie au combat ou en service.

P.M.

Préface

Le métier des armes est d'abord une question de choix personnel, *a fortiori* lorsqu'il s'agit de franchir les portes de la Citadelle de Bayonne. Néanmoins, ce premier pas inscrit d'emblée son auteur dans une histoire collective, celle de l'unité qu'il a fait le choix de servir. Il ne s'agit pas uniquement de traditions. C'est tout un capital d'expériences, quelquefois douloureusement appris, qu'il reçoit en héritage et qu'il doit enrichir pour les générations qui viendront après lui.

Depuis sa création comme unité spéciale, ou plus exactement sa recréation en 1974, le 1er RPIMa SAS a connu, au sens propre, mille aventures opérationnelles. A ma connaissance, ce capital inestimable n'a jamais été répertorié. La culture régimentaire faite de discrétion, d'une forme d'individualisme et d'attrait permanent pour de nouvelles techniques ou pour le prochain engagement, porte plus à investir l'avenir qu'à célébrer le passé, ou alors dans la seule tradition de l'oral !

En prenant le temps de coucher sur le papier l'histoire du Groupement opérationnel (GO) agrémentée de ses souvenirs personnels, le général Manificat structure notre mémoire commune en respectant, 40 ans après, le secret des opérations. Il l'éclaire par un récit vivant et clair, marqué par le sens de l'observation, la simplicité du ton et le sens de l'humour que chacun lui connaît. C'est un travail fondamental pour resituer le 1er RPIMa SAS dans sa filiation originelle. Il permet également de mesurer les acquis laissés par le GO et les progrès réalisés depuis. Enfin, le plus précieux est finalement dans ce que cette rétrospective dit de l'avenir de ce régiment.

La lecture des premières pages nous apprend que si c'est Alexandre de Marenches qui a voulu le GO, c'est le général Le Borgne qui l'a porté sur les fonts baptismaux. Ancien SAS lui-même, animé par la conviction que ce type d'unité manque à l'armée française, il va remettre le 1er RPIMa en ligne avec son ADN original, inscrit dans les plis de son prestigieux drapeau. Il n'aura pas seulement été un trait d'union avec les origines SAS de la Deuxième Guerre mondiale mais un visionnaire qui, dans son étude de janvier 1974, décrit avec précision le logiciel des missions d'une unité dont la plus-value opérationnelle n'a fait que croître depuis.

Ses premiers chefs donneront au Groupement opérationnel des principes de fonctionnement qui sont encore aujourd'hui les piliers du 1er RPIMa SAS :

- la sélection des personnels, qui fait qu'on ne sert pas au régiment par le hasard d'une décision administrative,
- l'instruction spécialisée, qui développe aujourd'hui une ingénierie de formation sans égale par l'éventail et la spécialisation des savoir-faire qui y sont développés,
- les préparations des missions, qui permettent de diffuser les retours d'expérience en boucles courtes,
- les missions permanentes, qui seront le creuset de beaucoup d'autres par la suite.

Au fil des pages, on peut également mesurer les progrès accomplis depuis les premiers pas du GO.

La création du Commandement des Opérations Spéciales a permis un travail intégré de la composante aéromobile (avions et hélicoptères) avec les sticks du 1er RPIMa. L'entraînement et la vie en commun ont permis de développer et d'éprouver au combat des savoir-faire encore balbutiants à l'époque.

La relation avec le monde conventionnel, après des débuts chaotiques, s'est beaucoup normalisée. Après plusieurs années sur des théâtres d'opérations partagés, le choc des cultures est moins rude et chacun comprend ce que l'autre peut lui apporter.

L'emploi est désormais quotidien et les missions se sont durcies. Les Forces spéciales sont reconnues et mènent aujourd'hui des campagnes au long cours dans des environnements complexes.

La lecture de ces pages laisse également parfois l'impression d'un « retour vers le futur ». D'abord parce que beaucoup de situations similaires, en Afrique ou aux Comores par exemple, ont été observées depuis.

Ensuite parce que les qualités d'adaptation, de débrouillardise, d'intelligence de situation, de sens des autres d'une poignée d'hommes, si bien décrites au long du récit, restent la clé des opérations spéciales actuelles. Loin de quelques clichés hollywoodiens.

Enfin, parce que dans l'environnement international qui se dessine, la clé du succès ne réside plus dans le défi de la seule puissance. Qu'on les nomme hybrides ou asymétriques, les conflits de demain se mèneront avec des stratégies agiles où il faudra pouvoir combiner des réponses sur un spectre large pour espérer contrer les manœuvres adverses. Toute la panoplie des moyens des armées pourra alors être sollicitée, mais une unité comme le 1er RPIMa SAS, située à la fois à la frontière des mondes clandestins et conventionnels, continuera à être le maillon indispensable qu'avait imaginé le général Le Borgne en 1974.

Derrière sa figure tutélaire, il faut à nouveau rendre hommage aux pionniers du GO d'avoir initié la saga moderne de ce régiment unique en son genre, et au général Manificat de s'en être fait le héraut.

Général de corps d'armée Grégoire de Saint-Quentin

Sous-chef d'état-major « opérations » de l'état-major des armées (chef de corps du 1er RPIMa de 2004 à 2006 et commandant des opérations spéciales de 2013 à 2016).

Avant-propos

« *Vivre sur son passé, c'est se ruiner.*
Vivre sans son passé, c'est s'appauvrir. »
(Maréchal de Lattre de Tassigny)

Héritier des parachutistes SAS formés en France et précurseur des opérateurs du Commandement des opérations spéciales, le 1er régiment de parachutistes d'infanterie de marine de Bayonne a camouflé en son sein pendant plusieurs années une unité particulière : le Groupement opérationnel, en abrégé G.O., prononcez « Géo », écrivez GO, un sigle dont la consonance ressemble au commandement bref et libérateur, hurlé par le largueur aux oreilles de ces étranges guerriers qui ont la drôle d'habitude de passer par la porte d'un avion en marche.

Conçu dès 1973 pour renforcer les rangs du Service Action du SDECE tout en appartenant toujours à l'Armée de terre, créé sur le papier en 1974, recruté en 1975, formé en 1976 et opérationnel en 1977, le GO va se voir confier des missions peu ordinaires, avant même d'avoir terminé sa formation spéciale et réalisé tous ses effectifs. Agissant le plus souvent en marge des opérations classiques, les précédant souvent et les prolongeant parfois, il lui faudra se montrer discret, choisir d'initiative la force ou la souplesse, rester loyal envers ses employeurs et faire preuve d'efficacité en toutes circonstances.

Formé tout spécialement pour agir et coopérer avec un support invisible et clandestin, entraîné pour vivre et combattre dans les différents milieux, on lui demandera aussi bien de soutenir le président Mobutu face aux Katangais, d'armer des mouvements subversifs, de renverser l'empereur Bokassa, que de mettre en selle le président Abdallah ou de protéger le président Houphouët-Boigny. Bien qu'il n'ait nullement démérité dans l'accomplissement de toutes ces missions, il sera dissout en 1981 lorsqu'un vent de panique perturbera ses employeurs civils ou militaires, et conduira à une énième réorganisation dont nos dirigeants sont si friands.

En 2019, les secrets du GO appartiennent au passé. Les rangs de ses anciens membres commencent à s'éclaircir, et les aventures vécues par les 200 parachutistes d'alors méritent d'être connues. Au lecteur d'en juger, le voile est en tout cas levé !

Éléments du *French Squadron SAS* (1re compagnie de chasseurs parachutistes) en Tunisie début 1943.

SAS français à l'entraînement lors de la formation parachutiste en Angleterre en 1944.

Entre les SAS d'hier et ceux d'aujourd'hui, le Groupement opérationnel du 1er RPIMa.

Cette vue de Bayonne prise depuis la citadelle symbolise à la fois l'histoire et les souvenirs : l'histoire d'abord, celle de la ville, avec sa fière devise : « *Jamais déshonorée* » et les flèches de sa cathédrale, les souvenirs ensuite, ceux des anciens parachutistes avec le dernier Nord 2501 qui vole encore aujourd'hui, soigneusement entretenu par une association, et qui s'apprête à se poser à Biarritz le 29 septembre 2016, jour ensoleillé de la Saint-Michel.
Histoire et souvenirs feraient-ils bon ménage ?

Hommage des modernes aux anciens

Bayonne, année 2000 et quelques, dans la cour de la citadelle, la voix du colonel porte loin et ses paroles vont droit aux cœurs des quelques dizaines de civils immobiles au centre de la cour d'honneur entourée par les parachutistes de tout le régiment :

« Si le régiment est un incomparable outil de guerre, il le doit particulièrement à une unité peu connue que nous voulons mettre à l'honneur cette année, tant elle est le maillon essentiel entre le passé récent et le présent. Une unité qui cultive l'humilité et l'amitié, la discrétion et l'efficacité, la puissance et la ruse, bref, toutes ces vertus qui font qu'un militaire est avant tout un guerrier. Je veux citer le Groupement opérationnel du 1er régiment de parachutistes d'infanterie de marine qui, entre 1976 et 1981 a écrit avec discrétion et efficacité une page glorieuse de notre histoire, si bien qu'il a été, avant l'heure, la base des forces spéciales telles que nous les connaissons actuellement. »

Place d'armes du 1er RPIMa à Bayonne.

À l'occasion de la célébration de la Saint-Michel, saint patron des parachutistes, le colonel commandant le 1er RPIMa vient d'affirmer avec force devant les anciens du GO que l'identité de son régiment prenait ses racines dans les parachutistes SAS de la Deuxième Guerre mondiale formés en France, les bataillons de parachutistes coloniaux d'Indochine et d'Algérie, le Centre d'instruction des années 60, le Groupement opérationnel des années 70 et les unités de renseignement de corps d'armée (URCA) des années 80.

Groupe des anciens du GO.

Ce récit est consacré à l'histoire du Groupement opérationnel, du moins l'histoire que je connais par expérience, et non celle du Journal des marches et opérations (JMO), à travers les souvenirs anecdotiques et personnels de ses anciens membres.

L'eau a coulé sous les ponts, nos activités passées n'ont rien d'inavouables et ses acteurs n'ont pas à rougir d'y avoir participé.

Général (2S) Patrick Manificat, alias « Mathias »

Le Groupement opérationnel défile en chantant dans la citadelle de Bayonne en 1979.

Vue aérienne de la citadelle de Bayonne.

Objectif 1975 !
La genèse d'une Force spéciale

Médaille du GO.

La brève existence du Groupement opérationnel du 1er régiment de parachutistes d'infanterie de marine de Bayonne coïncide pratiquement avec le septennat du président Valéry Giscard d'Estaing : 1974-1981.

Non pas que son origine et son histoire se confondent avec celle d'un parti politique, mais tout simplement parce que le GO a été créé au moment de l'Affaire Claustre qui a éclaté en 1974, et qu'il s'est éteint avec l'élection du successeur de VGE en 1981.

C'est en 1973 qu'a pris corps l'idée de la recréation d'une unité militaire d'intervention de type SAS *(Special Air Service)* au sein de l'armée française et c'est à la toute fin de cette même année que l'on trouve la première trace concrète de cette résurrection.

Que s'était-il passé pour conduire à cette décision et pourquoi avoir fait le choix du 1er RPIMa ?

En septembre 1972, le coup de tonnerre de l'attentat de Munich avec l'assassinat des athlètes israéliens pris en otage et abattus par des terroristes palestiniens avait conduit à la création d'une unité d'intervention de la gendarmerie française, le désormais célèbre GIGN, tandis qu'une unité d'élite de la police allemande, le GSG 9, voyait le jour outre-Rhin.

Mais le gouvernement, les états-majors et les services spéciaux français étaient bien conscients de l'insuffisance d'une telle mesure prise dans l'urgence. Car la guerre froide n'était plus l'unique menace qui pesait sur le monde libre, le terrorisme était en train de changer de nature et les conflits déclenchés par des rivalités ethniques, économiques et idéologiques se multipliaient, tout particulièrement en Afrique. Ils étaient entretenus par des pays étrangers soucieux de maintenir leur influence, et la France avait bien du mal à s'y opposer avec les faibles moyens dont elle disposait, c'est-à-dire ceux du SDECE, le Service de documentation extérieure et de contrespionnage, l'ancêtre de la Direction générale de la Sécurité extérieure (DGSE). Comment mener cette guerre spéciale contre les mouvements subversifs et comment lutter efficacement contre le terrorisme sans disposer d'unités spécialisées, bien formées, bien entraînées et en nombre suffisant ?

En effet, malgré un plan de restructuration lancé quelques années auparavant, le SDECE n'était pas parvenu à reconstituer une force d'intervention qui lui soit propre comme l'était la 11e Demi-Brigade de Parachutistes de Choc, dissoute dix ans auparavant le 31 décembre 1963. Le directeur général du SDECE était alors Alexandre de Marenches, un féodal autoritaire qui avait choisi son camp et défini ses adversaires : le communisme et le terrorisme. Il connaissait personnellement des dizaines de chefs d'État et entretenait des liens privilégiés avec le Maroc, l'Arabie Saoudite, l'Irak, l'Egypte et le Zaïre. Les adversaires désignés et les liens tissés avec des pays amis allaient avoir une influence déterminante sur l'emploi de ses services et ce faisant, sur la création du Groupement opérationnel au sein du 1er RPIMa.

Tout commence, comme c'est trop souvent le cas dans notre histoire, par un embryon de guerre franco-française : Alexandre de Marenches veut donc disposer d'une unité militaire pour étoffer son Service Action ; pour sa part le général d'armée aérienne François Maurin, chef d'état-major des armées, sait qu'il manque à la panoplie de ses moyens interarmées une unité spéciale tournée vers l'« action », ce qui l'oppose au chef d'état-major de l'Armée de terre, le général d'armée Alain de Boissieu qui redoute les « dérives » attribuées à l'ancien 11e Choc à la fin de la guerre d'Algérie en faisant ressurgir « le règne des vieux démons ».

Le général Guy Le Borgne va finalement sauver la situation en proposant de rattacher organiquement le 1er RPIMa à sa 11e Division Parachutiste, celle-ci assurant la liaison avec ses deux employeurs, l'état-major des armées et le SDECE. Cet « aménagement » obtient d'autant plus facilement

Le général Leborgne, commandant la 11e DP.

l'accord de l'Armée de terre qu'entre-temps, un nouveau chef d'état-major de l'Armée de terre, le général d'armée Jean Lagarde, plus ouvert aux idées nouvelles que son prédécesseur, a été nommé à ce poste.

De son côté, Alexandre de Marenches réussit à convaincre le ministre des Armées, Robert Galley, qu'il est urgent de constituer une force spéciale au sein de l'Armée de terre, placée pour emploi auprès du SDECE. Tout le monde s'étant mis d'accord, le chef d'état-major des armées, le général Maurin, décide de confier la responsabilité de la constitution de cette force au général commandant la 11e Division Parachutiste en lui adressant le 28 décembre 1973 la note suivante *« à son attention personnelle et exclusive »* :

« Le ministre ayant décidé la création d'une unité chargée d'entraîner un certain nombre de personnels à l'exécution de missions du type commandos, j'envisage de vous confier la responsabilité de la constitution de cette formation.

J'ai demandé au général chef d'état-major de l'Armée de terre d'étudier les modalités de création de cette unité au sein du 1er R.P.I.Ma de Bayonne, une fois celui-ci rattaché aux E.O.D. (Eléments organiques divisionnaires) de la 11e Division Parachutiste.

Vous voudrez bien me faire parvenir vos propositions concernant : l'aspect administratif de la constitution et du fonctionnement de l'unité envisagée, les procédures que vous comptez utiliser pour mener à bien le recrutement et l'instruction des personnels de cette unité, avec la discrétion indispensable au succès de cette entreprise. »

Une semaine plus tard, le 8 janvier 1974, le général Le Borgne, lui-même ancien SAS, fixe au 1er RPIMa l'horizon de la fin de l'année 1975 pour atteindre l'objectif d'une Force spéciale cohérente. Il précise dans cette « Etude sur le régiment SAS de Bayonne » :

« *D'abord définir une solution finale : que veut-on faire ? Puis, prévoir les étapes : comment le faire ?*

But à atteindre : Il faut se fixer comme objectif de disposer avant la fin de 1975 d'un régiment spécial destiné :

- En temps de guerre : à mener des actions très fines : coup de commandos, sabotage, organisation de maquis etc. Il s'agit en fait de se doter d'un type d'unité qui manque au catalogue des moyens français, homologue dans le domaine de l' « *Action* », *du 13e Dragons en matière de* « *Renseignement* », *elle correspond aux formations anglaises SAS ou US des Special Forces. C'est donc une formation régulière qui agit en uniforme. Comme le principe en a déjà été admis, elle fera partie intégrante de la 11e DP, au sein de laquelle elle se préparera à ses missions Guerre, Métropole ou Outre-mer.*

- En temps de paix, elle devra fournir au SDECE, du personnel pour des « *missions spéciales* ». *Il s'agit là d'activités clandestines, et évidemment secrètes. La discrétion du système sera assurée par le fait que le* « *régiment SAS* » *sert de couverture indirecte car l'instruction militaire spéciale est à la base de toute formation d'agent ; les personnels ne sont pas mis en œuvre par le régiment, mais par le SDECE (Cercottes) qui les briefe et les engage, après leur avoir donné si nécessaire un complément d'instruction encore plus spécialisée.* »

Selon le général Le Borgne, il est encore trop tôt (en 1974), pour en fixer les structures, cela n'a d'ailleurs pas d'importance car celles-ci ne pourront être définies qu'après plusieurs expériences.

Elles devront cependant être suffisamment souples pour à la fois :

- ne pas être désarticulées par les ponctions périodiques du SDECE ;
- présenter des petites cellules solidement encadrées.

Fort de son expérience antérieure au sein du SAS, le commandant de la 11e DP, envisage la mise sur pied d'une série d'équipes de 10 hommes, commandées par un officier ou un sous-officier supérieur.

Leur personnel devrait être interarmes, comme au 13e RDP. Ces cellules devraient être engerbées dans 3 ou 4 compagnies très légères.

Mais pourquoi le choix s'est-il porté sur le 1er RPIMa de Bayonne ?

Insigne du 1er RPIMa.

L'ordre du jour n°2 du général Le Borgne daté du 31 mars 1974 contient une partie de la réponse :

« Le général d'armée, chef d'état-major de l'Armée de terre vient de décider que le 1er RPIMa ferait maintenant partie de la 11e Division Parachutiste. Issu des parachutistes de la France Libre, il nous rappellera ces SAS qui, de 1940 à 1945, combattirent partout du Moyen-Orient à la Hollande et eurent l'insigne honneur d'être les premiers de tous à reprendre pied sur le sol de France. Il poursuit actuellement à Bayonne les missions d'instruction de la demi-brigade SAS qui en Bretagne, de 1946 à 1960, forma tous les bataillons paras coloniaux qui combattirent à l'extérieur. Il nous montrera ainsi que la 11e DP reste tournée vers l'outre-mer.

En lui redisant ma joie et ma fierté de l'accueillir, je m'incline avec émotion devant son drapeau riche de tant de gloire.

Le général G. Le Borgne

Commandant la 11e Division Parachutiste »

Les raisons sont à la fois historiques, géographiques et fonctionnelles :

Les SAS et les parachutistes coloniaux de la 1re demi-brigade SAS ont légué au 1er RPIMa leur drapeau, leurs faits d'armes, leurs citations et leurs fanions. Le Régiment a conservé la célèbre devise du *Special Air Service* : « Qui Ose Gagne », l'arborant même sur son insigne. C'est d'ailleurs le seul régiment de l'Arme des troupes de Marine à ne pas posséder d'ancre d'or sur son insigne de corps. Seules, une coupole blanche de parachute et la flèche rouge verticale des troupes d'assaut ainsi qu'une dague effilée symbolisent le glorieux passé de la 1re Demi-Brigade Parachutiste Coloniale SAS. Le sigle SAS figure en tête du disque entourant la coupole, revendiquant ainsi fièrement et sans ambiguïté sa filiation particulière. Voilà pour l'histoire.

La citadelle de Bayonne.

En 1973, le 1er RPIMa occupe depuis 13 ans la citadelle de Bayonne. Il abrite depuis 1960 un centre d'instruction qui a pour vocation de former les appelés destinés à être ventilés dans les compagnies parachutistes implantées outre-mer pour des séjours de longue durée ainsi que des engagés de 18 mois dirigés soit vers l'Ecole nationale des sous-officiers d'active (ENSOA), soit vers les compagnies stationnées outre-mer, soit vers chacun des régiments parachutistes des troupes de marine de la 11e DP. Par sa localisation à Bayonne et sa spécialisation, il est devenu le fief et la maison-mère des parachutistes coloniaux. C'est en effet en 1954 que la « brigade » a déménagé du camp de Meucon en Bretagne, pour prendre ses quartiers dans la capitale du Labourd. Le centre d'instruction est riche en cadres, il dispose d'une infrastructure sécurisée par les murs de la citadelle, il bénéficie de champs de tir, de zones de saut et de terrains d'exercices en nombre, sans compter la proximité immédiate de l'océan et des Pyrénées : encadrement, infrastructure, mer, montagne, soleil (et pluie), des ingrédients indispensables à une instruction réaliste dans une garnison attractive. C'était le cas du 11e Choc et de son implantation répartie entre Perpignan, Mont-Louis et Collioure. Voilà pour la géographie.

La citadelle de Mont-Louis.

Reste à transformer l'ancien centre d'instruction en un régiment parachutiste disposant en son sein d'une unité particulière. Riche de son expérience passée au 4e SAS durant la Deuxième Guerre mondiale, le commandant de la 11e division parachutiste ne manque pas d'idées sur la question et se fait fort de les mettre en œuvre. Le chef d'état-major des armées ayant insisté sur l'urgence et sur la discrétion qui devait entourer cette étude, le général Le Borgne ne tarde pas à rendre ses premières conclusions.

L'horizon de 1975 étant fixé, il s'agit maintenant de ne pas perdre trop de temps car les partisans de la création d'une telle unité trouvent qu'elle n'a déjà que trop tardé à voir le jour. La solution préconisée est donc de démarrer le processus dans les plus brefs délais. Ayant reçu carte blanche pour la mise sur pied du 1er RPIMa/SAS, le général Le Borgne se rend en Grande-Bretagne chez ses camarades SAS auprès desquels il est particulièrement bien introduit en tant qu'ancien SAS-FAFL (Forces aériennes françaises libres) et qui plus est, titulaire de la *Military Cross*, une des plus hautes décorations britanniques décernée aux officiers de l'Armée de terre. Les Britanniques mettent alors un point d'honneur à faire bénéficier le 1er RPIMa de leur expérience, ne cachant rien de leur organisation, ni de l'instruction dispensée, pas plus que des matériels dont ils sont dotés.

Dès lors, les choses vont avancer d'autant plus rapidement qu'un évènement va tout à la fois conforter le bien-fondé de cette décision et contribuer à l'accélération de la mise sur pied de l'unité souhaitée.

L'accélération

Ce que l'on a appelé « L'Affaire Claustre » va en effet justifier et accélérer la constitution de la force spéciale.

Le 21 avril 1974, une archéologue/ethnologue française nommée Françoise Claustre est enlevée au Tchad, à Bardaï dans le Tibesti, par des rebelles toubous en même temps qu'un médecin allemand et un coopérant français du nom de Marc Combe.

Le 31 janvier 1977, elle est enfin libérée à Tripoli après 1 000 jours de détention (33 mois !).

Hissène Habré.

Goukouni Oueddei.

Les chefs rebelles, Hissène Habré et Goukouni Oueddei, veulent s'emparer de N'Djamena et chasser le président Tombalbaye. Ils ont besoin d'armes et d'argent et tiennent donc à se faire connaître.

L'Allemagne paie aussitôt et son ressortissant est libéré dans la foulée. La France est en campagne présidentielle après la mort du président Pompidou. Alain Poher, président du Sénat, assure l'intérim. En août 1974, VGE, nouvellement élu, envoie le commandant Galopin négocier la libération des otages avec les rebelles. Mais il est capturé, retenu en otage puis assassiné par ses ravisseurs en avril 1975. Au début de ce même mois, en gage de bonne volonté, le président tchadien avait fait libérer quelques prisonniers toubous, passés autrefois entre les mains des sbires du commandant Gourvennec, le chef du CCER, ce service de renseignement et de répression du gouvernement tchadien mis en place pour mettre hors d'état de nuire les adversaires politiques du régime et dont le commandant Galopin était l'adjoint. Ces hommes ont aussitôt rejoint Habré, et, découvrant l'officier français, ont pu se venger à leur manière des traitements qu'ils avaient subis, dont le commandant Galopin n'était pas coupable – car il était pour tous ceux qui l'ont connu un méhariste modèle à l'éthique irréprochable – mais dont ils le jugeaient responsable.

Marc Combe réussit à s'évader en mai 1975. Pierre Claustre, le mari de Françoise, qui négocie directement, est capturé à son tour.

En septembre 1975, deux journalistes, Raymond Depardon et Marie-Laure de Decker, réalisent une interview. L'opinion publique s'émeut. Paris cède et paie la rançon (plusieurs millions de francs de l'époque).

Hissène Habré et Goukouni Oueddei se disputent alors, ce qui retarde la libération. « *Quand on rencontre deux Toubous l'un vous fixe et l'autre vous déborde* », disent les vieux méharistes… En définitive, il faut

Françoise Claustre lors de sa détention.

Le commandant Galopin sauvagement assassiné par les ravisseurs de Françoise Claustre.

Hissène Habré en compagnie du président zaïrois, Mobutu Sese Seko.

envoyer Jacques Chirac négocier avec Kadhafi pour obtenir enfin leur libération au début de l'année 1977.

Gouvernement, SDECE et état-major des armées n'ont pas attendu le dénouement pour dresser un constat plutôt amer de cette affaire, qui a eu un retentissement considérable bien au-delà de nos frontières. Malgré sa connaissance du pays et la coopération qu'elle entretient avec le Tchad, la France, son armée et ses services spéciaux ont paru inefficaces. Au sein de la Défense il n'existe pas encore de commandos spécialisés dans la libération d'otages.

Etat des lieux et conséquences

À la fin de l'année 1974, après l'envoi du commandant Galopin comme négociateur, on commence à s'agiter à l'état-major des armées et lors des conseils de défense. La réflexion porte sur les modes d'action adaptés et sur les moyens disponibles. Force est de constater qu'il n'existe pas encore d'unités spécialisées dans les armées ni dans la gendarmerie.

Quant aux services spéciaux, depuis la malheureuse dissolution du 11e Choc en décembre 1963, le SDECE ne dispose plus de Force spéciale cohérente.

Il a seulement un état-major d'action clandestine : le Centre d'instruction des réservistes parachutistes (CIRP) au fort de Noisy, PC du Service Action.

Il dispose d'un embryon de détachement spécialisé sous forme d'un réservoir de spécialistes en sabotage, effraction, radio etc. : le Centre d'entraînement des réserves parachutistes (CERP) à Cercottes.

Il a également un détachement de nageurs de combat : le Centre d'instruction des nageurs de combat (CINC) à Ajaccio.

Organisme interarmées, il a sous ses ordres le groupe aérien mixte (GAM 56) à Evreux et un bâtiment de la Marine à Toulon. Ses effectifs sont dispersés en France et à l'étranger, et ils sont notoirement insuffisants

Fort de Noisy.

Camp de Cercottes.

Alexandre de Marenches, directeur du SDECE.

pour disposer en permanence d'un commando entraîné et disponible à tout instant. La coopération avec les armées est au point mort.

Le 27 janvier 1975, le 1er RPIMa est mis « *à la disposition du gouvernement pour l'exécution des missions particulières définies par le Premier ministre ou le ministre de la Défense* ». Le régiment est alors orienté vers l'action et le renseignement. Il fait partie des Éléments organiques divisionnaires (EOD) de la 11e division parachutiste et doit se spécialiser « *dans les actions extérieures à caractère particulier* ».

Une amorce d'interarmisation est lancée avec le rattachement d'un mini-commando de l'Air d'un effectif de 6 et d'un commando Marine d'un effectif de 18, placés également tous deux pour emploi auprès du SDECE.

Un protocole d'accord est établi le 2 mai 1976 entre l'état-major des armées et le SDECE pour l'emploi du régiment par le Service Action. Il s'agit en attendant, de poursuivre le recrutement, la sélection et surtout la formation du personnel, mais avant tout il faut transformer le Centre d'instruction (CI) en un régiment parachutiste SAS, du moins pour sa partie cachée.

Après toutes ces années axées vers l'instruction, où seule la rigueur a sa place, le commandement souhaite, compte tenu de la nouvelle orientation du régiment, renouer avec l'esprit combatif et audacieux qui animait les commandos parachutistes SAS. Car l'héritage des SAS est assez éloigné des préoccupations des cadres et des parachutistes du CI, même si la plupart a été marquée par la période indochinoise et algérienne. L'ombre de la brigade parachutiste coloniale est encore présente dans l'esprit et le comportement du parachutiste bayonnais ; dans la cité, les anecdotes sur la vie agitée des paras ne manquent pas. On ne

Dans les années 70, la formation est très classique au 1er RPIMa.

compte pas non plus le nombre de bagarres déclenchées dans le petit Bayonne avec les rugbymen lors de la troisième mi-temps. Durant les années 60, seuls quelques cadres ont connu l'épreuve du feu soit au sein de la Compagnie Parachutiste d'Infanterie de Marine, la fameuse CPIMa déployée au Tchad, soit dans le cadre de la coopération militaire avec les Forces armées nationales tchadiennes (FANT). Les noms que l'histoire régimentaire a retenus, sont ceux du sergent Diarra et du sergent-chef Large. Ils ne sont pas morts en service au 1er RPIMa, mais le régiment a tenu à conserver leur souvenir en baptisant respectivement la salle de réunion de l'état-major et le stade à leurs noms respectifs.

Entre 1960 et 1973, le régiment excelle surtout dans les épreuves des championnats de tir et de pentathlon militaires. Il s'agit maintenant de le réorganiser pour accueillir en son sein le Groupement opérationnel.

Un régiment peut en cacher un autre

Les Matriochkas ou poupées russes renferment l'idée, chère aux Slaves, de la vérité qui se dissimulerait derrière des apparences trompeuses. Telle est l'idée qui préside à la réorganisation du 1er RPIMa : il s'agit de camoufler au sein d'un régiment classique une unité qui ne l'est pas du tout. C'est pourquoi, pour remplir ses missions particulières, le régiment va être divisé en deux éléments :

- Un premier élément, tout ce qu'il y a de plus conventionnel, répond exclusivement à des missions de support, d'instruction et de couverture. Cette partie du régiment est placée sous la responsabilité du chef d'état-major des armées et son instruction classique est à la charge du général commandant la 11e Division Parachutiste. Il est à base d'appelés du contingent et il est commandé par un colonel chef de corps.

- Un second élément de guerre non conventionnelle prend l'appellation de Groupement opérationnel (GO) et est placé pour emploi à la disposition du Directeur général du SDECE, M. de Marenches, tandis que l'instruction très « spécialisée » lui est dispensée par le Service Action. Il est entièrement professionnalisé, commandé par un officier supérieur et ses effectifs sont fixés à 36 officiers, 74 sous-officiers et 83 parachutistes, soit 193 au total.

Cet effectif ne sera atteint qu'en 1978.

Le GO comprend, outre un poste de commandement (PC) d'un effectif de 30 :

- un « détachement opérationnel action » (DOA) de 40 hommes, dont la mission est de soutenir un mouvement insurrectionnel à l'étranger ou un gouvernement en butte à une subversion en lui fournissant instructeurs, conseillers et techniciens pour la logistique et le combat en zone rurale ou urbaine,

- des commandos spécialisés, initialement cinq commandos à 12 puis six commandos à 20 dont la mission est d'agir à l'étranger en liaison avec un support clandestin dans une intervention brutale et ponctuelle (prise d'otages, subversion, conquête d'objectifs ponctuels, récupération de personnalités), ou d'assurer une protection de personnalités ou d'objectifs en France ou à l'étranger.

Le commandant Olivier Leblanc, premier chef du GO, ici lieutenant-colonel commandant le 3e RPIMa.

Le GO peut aussi fournir des « renforts sélectifs » au Service Action, son état-major d'emploi. Dans ce cas, l'opération n'est pas seulement discrète mais elle peut être clandestine et couverte par le secret. Les opérations auxquelles le GO a participé dans ce cadre n'apparaitront naturellement pas dans le présent ouvrage.

Ancien lieutenant du 3e RPIMa et du 6e RPIMa en Algérie, futur chef de corps du 3e RPIMa, aujourd'hui général, le commandant Olivier Leblanc est le premier patron du GO. A l'image du film *Les Sept Mercenaires*, il prend son bâton de pèlerin et recrute tout azimut afin de donner à sa nouvelle unité une structure originale, lui faire acquérir les savoir-faire indispensables et lui insuffler un idéal. Sous sa houlette, la vie du GO sera brève mais intense. Durant l'année 1976, le 1er RPIMa envoie ses premiers cadres en formation spécialisée à Cercottes pour y être instruits comme de futurs instructeurs. Il commande et reçoit des équipements particuliers. Il recrute dans toutes les armes et organise les premiers tests de sélection. Ceux-ci vont se succéder en séries presque tous les mois pendant deux ans et se poursuivre par la suite à chaque plan annuel de mutations.

L'affaire d'Entebbé, qui a consisté en une intervention israélienne éclair en Ouganda pour libérer l'équipage et les passagers d'un avion d'Air France en juillet 1976, apporte une motivation supplémentaire car ce sont bien les forces françaises qui auraient dû intervenir !

En attendant, il s'agit de recruter et de sélectionner le personnel du futur GO, puis de les qualifier individuellement et collectivement dans toutes les disciplines demandées, et nous verrons qu'elles sont nombreuses.

L'organisation du GO.

Organisation et missions.

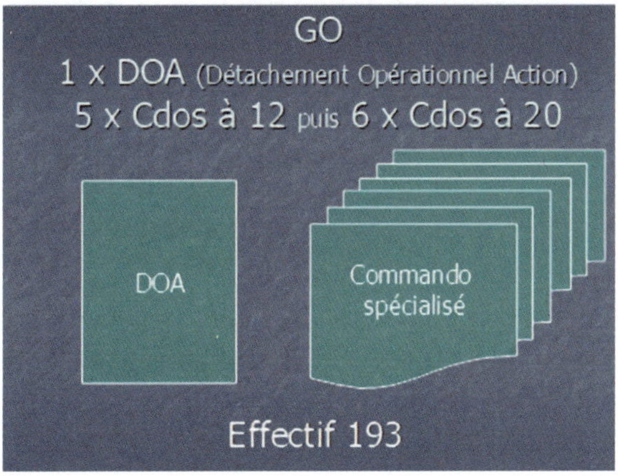

Le DOA et les commandos spécialisés.

Comme on s'aperçoit vite que cela relève de la quadrature du cercle, il devient impératif de recruter des cadres et des parachutistes déjà qualifiés et d'excellent niveau. Destiné à être interarmes, le Groupement va faire appel à toutes les spécialités de l'armée de terre : fantassins, cavaliers, sapeurs, artilleurs, transmetteurs, pilotes d'hélicoptères etc.

Ce n'est qu'en 1977 que le GO aura réalisé presque tout son effectif et récupéré ses cadres envoyés en formation dans les unités de la DGSE. Mais comme nous allons le voir, les premières opérations vont perturber le bon déroulement de l'instruction planifiée, et cela deviendra une constante car le rythme opérationnel va s'accélérer jusqu'en 1981.

Le grand jeu de la sélection

Contrairement aux universités de notre pays, l'armée française tient à choisir ceux qui désirent la rejoindre. La sélection physique, psychologique et morale est de mise pour ses officiers, ses sous-officiers et ses soldats. Elle est sévère dans les troupes aéroportées, elle va se montrer impitoyable dans les Forces spéciales.

Les tests de sélection étant toujours en vigueur au 1er RPIMa puisque, de nos jours, les Basques voient souvent passer dans les montagnes environnantes quelques candidats transpirant et soufflant, on peut penser qu'il n'y a guère de différences entre les épreuves d'antan et celles d'aujourd'hui.

Voici les tests qui étaient passés en l'espace de quatre jours avant de prétendre intégrer le GO.

Le premier jour, dans la forêt des Landes au Boucau, le candidat, quel que soit son grade, commençait par passer les tests des troupes aéroportées : une course de 1 500 mètres chronométrée, une autre de 8 000 mètres avec arme et sac à dos à 11 kilos mais avec des barèmes nettement « améliorés ». Il avait également droit à quelques variantes supplémentaires, comme porter 50 kilos sur une distance de 90 mètres en un temps record et effectuer davantage de tractions, de flexions et d'abdominaux que le parachutiste de base.

Tractions et course lors des tests de sélection pour intégrer le GO.

Il avait ensuite rendez-vous à la piscine municipale, découverte hiver comme été, pour parcourir plusieurs longueurs de bassin en nage libre, puis une longueur en apnée. L'après-midi du même jour, il devait effectuer le parcours chronométré d'une piste du risque comportant une bonne douzaine d'obstacles à franchir en moins de 15 minutes 30 secondes, puis il avait à mettre en œuvre des explosifs, à effectuer deux tirs au pistolet, trois tirs au pistolet-mitrailleur et trois tirs au fusil (c'était avant l'apparition du FAMAS).

Le deuxième jour, dans la région dite des « Trois Glorieuses », le surnom mérité donné aux monts Ursuya, Baygoura et Artzamendi, il devait effectuer en moins de douze heures un raid de 45 kilomètres comportant 2 400 mètres de dénivelée, avec un sac de 11 kilos et une arme, en passant par six points de contrôle. A chaque point de contrôle, des tests originaux permettaient de vérifier ses capacités intellectuelles, physiques et morales.

Après une nuit à la belle étoile, l'épreuve du troisième jour était constituée d'une course d'orientation dans les bois de Saint-Pée où il lui fallait trouver huit balises en moins de 2 heures 30. L'après-midi, chacun passait devant une commission composée d'officiers du régiment dont le médecin-chef et le commandant en second, qui l'interrogeaient sur ses motivations, lui posaient quelques questions-pièges et faisaient à huis clos un premier bilan des résultats obtenus. Le soir, le candidat avait tout juste le temps d'embarquer dans le train de nuit pour Toulon...

Le quatrième jour se passait au Centre d'expérimentations et de recherches en psychologie appliquée (CERPA), à l'arsenal de Toulon, où le candidat, légèrement fatigué par les grands jeux précédents, se livrait au psychologue-bourreau – le célèbre médecin-général Caille – pour une série de dix tests, genre QCM avant l'heure, comportant plusieurs centaines de questions. Le tout se terminait par un électro-encéphalogramme accompagné de lumières et de flashes éblouissants dans les yeux, avant d'être reçu, à moitié aveuglé et tout à fait flageolant, par le médecin-général pour un bilan final.

En ce qui concerne ces tests psychotechniques, la vérité oblige à dire que chaque fois que, pour une bonne ou une mauvaise raison, le commandement n'a pas voulu tenir compte de l'avis du médecin général, il a eu à le regretter amèrement par la suite. La sélection était complétée par une enquête de sécurité dont les délais étaient généralement prohibitifs.

Ce travail de sélection finit par porter ses fruits. Globalement, le recrutement donnera satisfaction : nombre de mythomanes furent

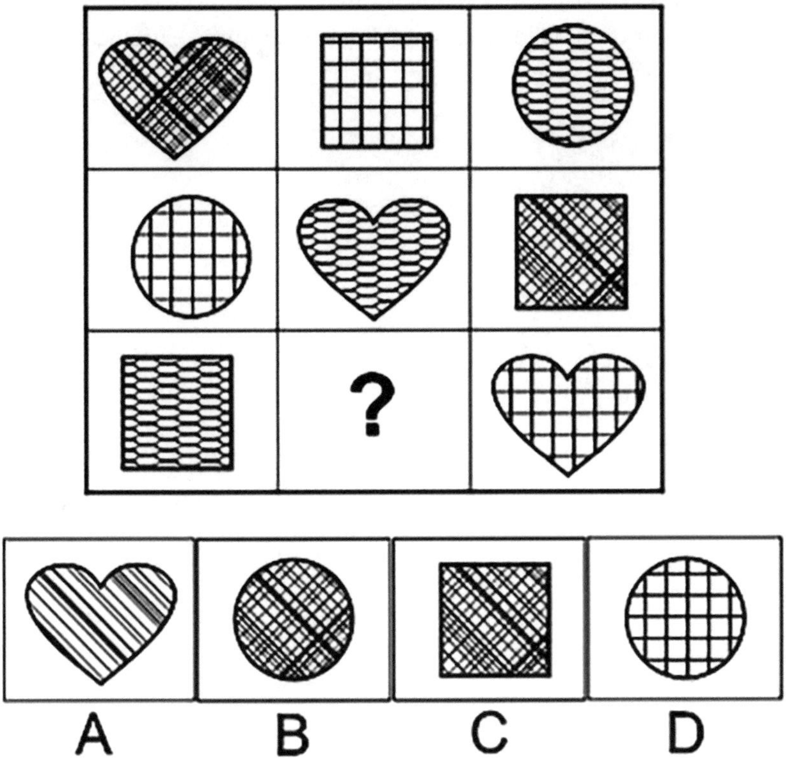

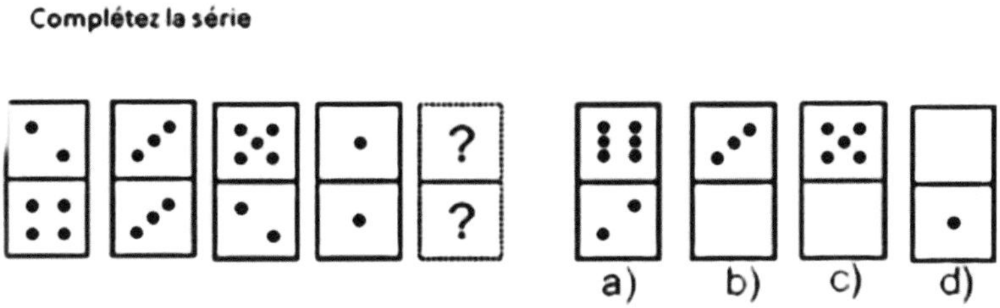

Exemple de test pyschologique.

écartés, même si certains passèrent à travers les mailles du filet. Les candidats sélectionnés étaient ensuite affectés, rejoignaient la garnison de Bayonne et pouvaient alors suivre les deux volets de la formation : celui de la guerre spéciale et celui des commandos spécialisés.

L'effort de formation portait sur ce qui ne se faisait nulle part ailleurs comme les techniques de vie clandestine et de guérilla, les opérations aériennes et maritimes en guerre spéciale et l'aptitude à vivre, à se déplacer et à combattre dans tous les milieux : la montagne, la mer, la forêt, le désert ou la ville et ce sous des températures extrêmes.

La formation spécifique

A peine arrivés, les nouveaux affectés suivent donc une solide formation dans les deux domaines de spécialité : commandos spécialisés et guerre spéciale.

La formation de commando spécialisé consiste tout d'abord à acquérir les techniques de base en tir, armement, karaté, sabotage, effraction, franchissement et secourisme, puis les tactiques de l'action commando avec un support clandestin du Service Action, en particulier dans le cadre d'une libération d'otages.

Quant à la guerre spéciale elle est, comme son nom l'indique presque, celle que mènent les services spéciaux pour conduire et soutenir, par personnes interposées et dans la clandestinité, une guerre révolutionnaire ou de libération nationale. Il s'agit donc d'une guerre par personne interposée. Pour mener cette guerre spéciale qui permet à un gouvernement de ne pas trahir sa signature, tout en soutenant un mouvement insurrectionnel, il faut disposer d'un Service Action et d'une Force spéciale. Cette Force spéciale, pour l'instant, c'est le GO.

Séance de tir pour ces éléments du GO.

Schématiquement, si le gouvernement a choisi de soutenir un mouvement de guérilla qui lui est favorable ou qui sert ses intérêts, le SDECE met en place une hiérarchic parallèle pour conseiller les responsables autochtones dans la conduite des opérations et le montage de l'organisation permettant d'assurer clandestinement les transports logistiques, la transmission des informations et les mouvements du personnel.

La Force spéciale intervient alors pour assurer l'instruction et l'entraînement des spécialistes du combat subversif. Ce soutien clandestin est réalisé à partir d'une base extérieure, implantée dans un pays limitrophe ou voisin favorable au mouvement insurrectionnel. C'est à partir de cette base que sont organisés les liaisons, l'appui logistique et l'instruction des guérilleros. Les contacts avec ces derniers dans le pays objectif sont exceptionnels.

Pour se préparer à mener cette guerre spéciale, il faut suivre la formation spécialisée qui se compose d'une multitude de stages, correspondant à toutes les techniques subversives de ravitaillement, de liaison etc.

Le colonel de Gaigneron de Marolles, chef du Service Action, se déplace souvent en personne sur les lieux de la formation pour souhaiter bonne chance aux candidats. Ils vont en avoir besoin…

La fabrique des commandos spécialisés

Les missions confiées aux commandos spécialisés pouvaient être offensives : interventions anti-terroristes, attaques de points particuliers, ou bien défensives comme la protection de personnalités. Leur emploi était prévu prioritairement à l'étranger et la répartition des rôles était la suivante : l'état-major du Service Action fournissait l'équipe de commandement chargée de la conception et de la conduite de l'action. Cercottes mettait sur pied l'équipe chargée du support invisible de l'action. Le GO constituait les équipes chargées de l'action visible.

Pour remplir ces missions, il s'agissait de former du personnel habitué à travailler ensemble et possédant à fond les techniques commandos applicables dans tous les milieux, ayant une parfaite connaissance des systèmes de liaison avec le support invisible et possédant de solides notions de sécurité individuelle.

La fabrique des commandos à la citadelle de Bayonne.

Cinq stages au minimum étaient prévus :

- Un stage de tir, d'armement et de karaté.
- Un stage de dépannage, de conduite automobile et de secourisme.
- Un stage de sabotage, d'effraction et de franchissements.
- Un stage d'intervention ponctuelle et violente, avec ou sans support clandestin, dans le cadre d'une opération de libération d'otages.
- Un exercice final de synthèse hors métropole.

Exercice de tir instinctif.

Séance de corps à corps.

Présentation des éléments de l'action spéciale.

Toutes les techniques permettant à un commando d'intervenir violemment pour libérer des otages, depuis la reconnaissance qui précède la mise en place, l'observation de jour et de nuit, les liaisons, la désignation des objectifs, la coordination des tirs sont donc enseignées consciencieusement, sans oublier toutes les techniques de franchissement d'obstacles, d'effraction, d'écoute, de combat rapproché, de tir et d'explosif. Le tir avec les armes d'affectation est pratiqué quotidiennement de loin, avec un fusil à lunette et de près, avec un revolver.

Tous les commandos effectuaient ces stages avant de se spécialiser dans une ou deux disciplines. Ils recevaient alors leur affectation dans l'un des cinq commandos spécialisés en tir-armement-karaté, sabotage-effraction, opérations maritimes, opérations aériennes (saut opérationnel à grande hauteur, dit SOGH), montagne. Un sixième commando sera créé en septembre 1980, initialement sans spécialité mais orienté vers le combat en zone urbaine.

La composition d'un commando à douze était la suivante :

- Un chef et un ou deux adjoints,
- Deux spécialistes sabotage, détection, dépiégeage,
- Un spécialiste effraction et un spécialiste photo,
- Deux spécialistes liaisons,

- Trois tireurs d'élite.

Certains exercices étaient effectués en commun avec les SAS et les Bérets verts américains.

C'est ainsi qu'à peine formé, en septembre 1977, un commando du GO est désigné pour participer à l'exercice *Wild Venture* organisé par les SAS britanniques. Les Français vont bien vite s'apercevoir que les SAS ont deux devises : « *Who dares wins* » et « *Who trains wins* » !

« *Avant le départ de notre commando à douze, le colonel Franceschi nous a rassemblés pour nous avertir qu'aucun échec ne serait toléré et qu'en particulier, personne ne devait être fait prisonnier* [l'une des spécialités des SAS britanniques était, et est toujours, l'interrogatoire des prisonniers]. *Partis pour l'Ecosse en Nord 262, nous nous sommes posés à Glasgow et le comité d'accueil nous a aussitôt conduits au PC de la direction de l'exercice. Briefing, préparation des sacs, brève initiation à la cuisine anglaise, puis embarquement dans les hélicoptères pour une infiltration à pied qui allait être effectivement une aventure sauvage, plus proche de l'enfer que du paradis.*

Première nuit : 45 kilomètres sur une voie ferrée où passaient tout le temps des trains, dispersion des sticks, attente camouflée de 24 heures près d'un barrage puis la nuit suivante, action de sabotage d'un pont de chemin de fer où le trafic était dense. Les trois plus grands du stick s'empilent les uns sur les autres pour arriver à enjamber le parapet et poser les charges. Exfiltration rapide, regroupement du commando, perception de l'alimentation en cache. C'était Byzance, un lapereau pour huit ! Par bonheur, les champignons pullulaient et cèpes et lactaires délicieux ont amélioré l'ordinaire en plus des rations de survie. Même la météo était typiquement britannique : il a plu tout le temps. Nous avions mis nos vêtements de rechange dans des sacs poubelle. Personne n'a été capturé malgré l'activité terrestre et aérienne du plastron qui nous cherchait partout. On se méfiait tout le temps, même des « partisans » qui nous contactaient pour nous donner des informations, du matériel pour traverser lacs et rivières. Nous changions systématiquement d'emplacement après chaque contact pour éviter les patrouilles SAS, on se camouflait sous les sapins quand survenait un hélicoptère. La lotion répulsive de leurs rations nous a été très utile en raison des moustiques qui nous harcelaient, attirés par la transpiration. Froid, vent, pluie, clôtures, haies et barbelés, chutes, le réchaud difficile à allumer sous la pluie battante, le tout très éprouvant. L'un d'entre nous a été brièvement capturé mais il s'est échappé en laissant son barda entre les mains du 21e SAS, en conservant à la ceinture le nécessaire de survie que nous avions placé à bon escient dans des porte-chargeurs modifiés. Cela lui a permis de tenir le coup et de nous retrouver, méconnaissable, pâle et amaigri, abrité tant bien que mal sous un sac plastique dans un buisson, deux jours plus tard. Gorgé d'eau, le sol se dérobait sous nos pas et les chutes étaient fréquentes. Heureusement, le commando était en excellente condition physique, entraînement oblige, et chacun récupérait rapidement des fatigues endurées. A défaut, on vidait le sac des plus épuisés et l'on répartissait leurs affaires entre les plus résistants d'entre nous. Un quart de thé bien chaud redonnait le physique et le moral. Enfin, les vivres épuisés, nous avons eu droit à trois jours de jeûne avant le recueil. Il a fallu se contenter du pemmican des rations de survie dégusté cru et des noisettes de dame Nature !

Arrive la fin de l'exercice. Recueil sympathique par nos amis britanniques, remise en condition, repas chaud cuit sur un feu de bois, un fond de whisky dans le thé, débriefing et, comme les missions de sabotage avaient été bien remplies et aucun d'entre nous capturé, les félicitations des officiers des SAS. Le vol du retour ne nous a laissé aucun souvenir tant notre sommeil était profond, pour le plus grand étonnement de notre équipage… »

La guerre par personne interposée

Qu'il s'agisse de soutenir un gouvernement ami en lutte contre une subversion ou bien un mouvement subversif contre un gouvernement ennemi, il fallait toujours mettre en place et former des conseillers, des instructeurs et des spécialistes des domaines : action armée, logistique, renseignement, liaison, protection, action psychologique et santé.

Soutien d'une guérilla par les membres du GO.

Cinq stages de formation élémentaire étaient prévus et réalisés.

Le premier recouvrait en réalité trois stages en un seul :

- L'initiation du personnel à la vie clandestine en milieu rural,
- Les techniques des opérations aériennes (marquage, guidage, parachutage),
- Les techniques des opérations maritimes (marquage et guidage).
- L'initiation des stagiaires à la vie clandestine en milieu urbain, notamment en ce qui concerne les liaisons et les mesures de protection.
- L'acquisition des techniques de recherche de renseignement aux fins d'action et la constitution d'un dossier d'objectifs.

Les stages de formation initiale serviront aux véritables opérations menées au sein de mouvements de résistance en Afrique !

- L'acquisition des techniques de l'action armée, par opposition à l'action politique, axées sur le renseignement, les liaisons, la protection et la logistique en milieu rural.
- Un exercice final de synthèse outre-mer.

Le personnel du régiment ayant suivi ces stages avec succès était ventilé entre les deux composantes du GO : le Détachement Opérationnel Action ou les commandos spécialisés.

Les radios quant à eux recevaient une formation particulière et poussée avec deux qualifications différentes : radio forces spéciales et radio centrale.

Après cet exposé bien théorique de la réorganisation et de la formation du groupement opérationnel, plongeons-nous sans plus tarder dans son application pratique, puisque l'auteur a eu la chance de suivre intégralement la formation dispensée…

A l'école de guerre… spéciale !

Bayonne (Septembre 1977 - avril 1978)

L'année précédente, alors que je servais avec le grade de commandant dans un état-major parisien, un visiteur inattendu entre dans mon bureau du boulevard Saint-Germain. C'était le commandant Olivier Leblanc en service au 1er RPIMa de Bayonne, mon ancien capitaine au Centre national d'entraînement commando (CNEC), à Mont-Louis et à Collioure. Il est à la tête du Groupement opérationnel de ce régiment, une unité en cours de formation. Le régiment recrute beaucoup de cadres, il y a des tests très sévères à passer et, si je suis volontaire, j'ai juste le temps de m'y préparer. Je dois lui donner ma réponse sous quinzaine. « Olivier » – c'est à la fois son prénom et son pseudonyme – n'a pas encore quitté le bureau que je sais déjà que je vais dire oui. Ce qu'il me propose, c'est, en termes d'activités opérationnelles, ce que j'ai entrevu au 11e Choc avant sa dissolution. En matière d'entraînement, ce que j'ai pratiqué avec tant de plaisir au CNEC. Et surtout, il m'offre comme à tous ceux qu'il contacte la perspective d'être employé réellement en temps de paix.

Insignes du CNEC et du 1er RPIMa.

J'ai un peu l'impression de revenir au Centre national d'entraînement commando de Mont-Louis-Collioure ! Le soleil, la mer, la montagne, le parachute, tous les ingrédients du commando sont à nouveau réunis, mais cette fois me voilà simple élève sur les bancs d'une école très spéciale. Plus besoin de courir derrière des chimères, nous en portons une en permanence sur l'épaule gauche. Notre employeur se prénomme Alexandre et certains le surnomment « Dagobert », mais avant que le comte de Marenches ne consente à nous employer, il nous faut maîtriser des disciplines bien étranges…

Encore une citadelle

En arrivant à Bayonne en septembre, après avoir satisfait de haute lutte aux tests de sélection, je renoue avec une vieille connaissance, Vauban, qui est venu il y a trois cents ans construire ou améliorer les trois places fortes destinées à défendre notre frontière sud-ouest : Navarrenx, Saint-Jean-Pied-de-Port et Bayonne. Après avoir servi dans les citadelles de Perpignan, de Mont-Louis, de Collioure et de Québec, je ne suis pas totalement dépaysé.

A cheval sur la Nive et sur l'Adour, Bayonne a conservé une grande partie de ses remparts, ce qui en fait une cité d'aspect très militaire avec ses trois forteresses : Château-Neuf, Château-Vieux et la Citadelle.

La ville est bien à l'origine d'une arme pointue qui s'ajoute au canon du fusil, a fait la renommée de l'infanterie française, et *« avec laquelle on peut tout faire, sauf s'asseoir dessus »*… la baïonnette ! Avec ses rues étroites et colorées, souvent bordées d'arceaux le long des quais, elle offre un charme particulier et pittoresque à quelques kilomètres de la mer et de la montagne. Le climat de la région est doux (et pluvieux, comme ne le dit pas la plaquette du bureau de garnison) et sa population est accueillante (dit la plaquette).

"Qui ose gagne"

Le régiment, dont la devise devrait inspirer plus souvent nos grands chefs civils ou militaires, a donc changé de structures et de missions, c'est maintenant un des régiments d'infanterie de la 11e Division Parachutiste, mais il camoufle en son sein le Groupement opérationnel, d'environ 200 hommes, dont Olivier Leblanc est aujourd'hui le chef. Je suis son adjoint. Ce GO dépendait directement du chef du Service Action, la branche armée du service de documentation extérieure et de contre-espionnage (SDECE), dirigé par M. Alexandre de Marenches.

Nous en sommes encore au stade de la formation, mais des opérations sont déjà venues « perturber » la belle ordonnance de la planification. Il faut, contre vents et marées, assurer à tous une solide formation individuelle, celle des techniques parachutistes et commando, auxquelles viennent s'ajouter les techniques de la vie clandestine. Enfin, l'entraînement collectif reste indispensable pour donner aux détachements la cohésion et l'efficacité nécessaires, un ou plusieurs commandos spécialisés pouvant être projetés, sans préavis, n'importe où et n'importe quand, et, si possible, pas n'importe comment.

On voit bien les difficultés de l'entreprise : d'abord mener de pair la formation et les opérations, dans les plus pures traditions de l'armée française, alors qu'il aurait fallu refuser les missions tant qu'on n'était pas capable de les remplir. Ensuite, parvenir à qualifier tous les individus et tous les détachements dans toutes les disciplines exigées ce qui relève, nous l'avons dit, de la quadrature du cercle.

Plus de vingt séries de tests ont déjà eu lieu et ce travail de sélection commence à porter ses fruits. Avec un très bon recrutement interarmes, l'effort porte maintenant sur la formation.

Anti-terrorisme

Spartéine n'a rien à voir avec Lacédémone. Il s'agit d'un stage très spécialisé qui doit nous rendre capable d'intervenir pour une libération d'otages. C'est une conséquence directe de l'affaire Claustre où la France a dû payer une rançon aux ravisseurs de madame Claustre, qui avaient assassiné le négociateur, le commandant Galopin. Des voix s'étaient tout de même élevées pour réclamer des moyens plus musclés et une volonté politique plus ferme.

Pendant un mois complet, nous apprenons donc consciencieusement toutes les techniques permettant à un commando d'intervenir violemment pour libérer des otages, depuis la reconnaissance, l'observation, les liaisons, la désignation des objectifs, jusqu'à la coordination des tirs etc. Et, bien sûr, toutes les techniques de franchissement, d'écoute, de combat rapproché, de tir et d'explosif. Nous tirons tous les jours aux différentes armes, et en particulier aux armes de précision.

Comme chef du commando, je dispose à cette époque d'un appareil de coordination de tir. Chaque fois qu'un binôme (comme les gendarmes, les hommes travaillent toujours par deux) a son terroriste dans le réticule, il actionne un bouton qui fait apparaître une lumière verte sur le dispositif. Lorsque toutes les lumières sont vertes, le chef est en mesure de donner l'ordre d'ouverture du feu afin de neutraliser – doux euphémisme – simultanément tous les preneurs d'otages. Les exercices succèdent aux exercices et voici que survient la synthèse finale sous la forme d'un scénario très réaliste qui se termine dans les fossés de la citadelle. Pendant 48 heures, il nous faut successivement localiser les otages, mettre en place un dispositif, déterminer le nombre et l'emplacement de tous les terroristes, prendre contact avec eux et ravitailler les otages, assurer la permanence de l'observation et de l'écoute, la liaison avec les grands chefs et, lorsque le feu vert est donné pour une intervention violente, trouver le moment favorable, déclencher les tirs et l'assaut tout en préservant la vie des otages.

Intéressant et formateur, d'autant que le ministre de la Défense, Yvon Bourges, est là au moment du déclenchement des tirs et, malgré la pluie qui tombe à verse, ne peut rien ignorer du sort réservé aux terroristes. L'emploi de la force spéciale est un acte de guerre qui ne comporte ni négociation (à l'époque), ni préservation de la vie des terroristes, à la différence de la police ou de la gendarmerie vis-à-vis de forcenés.

Spartéine 1977, au temps du « bricolage »...

Mathias fait de la résistance

Le temps de réintégrer mon fusil à lunette FRF1 et mon revolver 357 Magnum et me voilà prié d'oublier mes vieilles habitudes militaires, d'interrompre mes trop fréquentes visites chez le coiffeur et de m'habiller en civil. On ne m'appelle plus par mon nom ni par mon grade, mais par mon pseudonyme, « Mathias ». C'est le début de la formation guerre spéciale avec le premier stage, baptisé « Spatial », qui doit nous enseigner les techniques élémentaires de la vie clandestine en milieu urbain. Après quelques jours d'instruction théorique à Bayonne, nous partons pour Dax, puis Toulouse afin de pratiquer toutes les techniques de la sécurité individuelle.

Un certain nombre de règles guident en effet la vie clandestine d'un « agent secret ». Il a tout intérêt à les appliquer dans son comportement s'il veut protéger et couvrir son activité en évitant d'être décelé par les services adverses. Le militaire n'est pas spécialement préparé à ce type de comportement puisqu'il a toujours un uniforme qui le distingue du commun des mortels, quand ce ne sont pas sa démarche, son allure, son vocabulaire ou sa coupe de cheveux. L'expérience est donc intéressante et formatrice, sous réserve qu'on ne se prenne ni pour James Bond, ni pour SAS le prince Malko.

En fait, ce qui devrait être le premier commandement d'une vie clandestine, c'est l'humilité et je ne vais pas tarder à découvrir que ce n'est pas la qualité première de tous les agents du SDECE. Pour ma part, j'essaye d'appliquer ce qu'on m'enseigne sans me prendre trop au sérieux et, surtout, sans me faire d'illusions, car il m'apparaît plus facile de transformer un civil en agent qu'un militaire en civil. Ma cause me semble donc perdue d'avance !

Contrairement à ce qu'on peut voir dans les films qui ont popularisé 007, il ne faut surtout pas attirer l'attention par son attitude ou son mode de vie ; il faut, en revanche, se montrer discret dans ses paroles, ses actes et ses écrits, être discipliné et, en particulier, ponctuel et loyal, être prévoyant en imaginant tous les « cas non conformes ». En fait, c'est une vie très fatigante, car on est constamment sur le qui-vive, et si on applique bien toutes ces règles, c'est au surplus un excellent exercice car on fait travailler en permanence son sens de l'observation et sa mémoire.

Moins une, plus deux

Pour un simple rendez-vous par exemple, l'effort de mémoire est beaucoup plus grand qu'il n'y paraît et le recours à des moyens mnémotechniques est indispensable, qu'on en juge : en s'interdisant toute prise de notes, il faut fixer un rendez-vous principal, un rendez-vous de secours et un rendez-vous de raccroc... Pour chacun de ces rendez-vous, il faut préciser un lieu, une heure, un délai d'attente et un sens de présentation avec des signaux de reconnaissance et de sécurité. A tout moment, il faut pouvoir justifier de sa présence ou de son activité à cet endroit. Il faut aussi vérifier que l'on ne fait pas l'objet d'une surveillance et connaître toutes les contre-mesures permettant de la rompre, y compris le « désilhouettage », qui consiste à changer très rapidement son aspect extérieur, sa démarche, son allure, bref, sa silhouette. Enfin, puisqu'il s'agit de recevoir ou de transmettre des informations et souvent des documents, il faut les dissimuler sous un support discret qui sera remis, échangé ou placé dans une « boîte aux lettres ».

Si, malgré toutes ces précautions, la sécurité du réseau paraît menacée, un signal d'alerte doit permettre l'exfiltration de l'agent avant son arrestation. Nous étudions et pratiquons tout cela dans le détail à Dax, chaque acte élémentaire faisant l'objet d'un petit exercice aussitôt commenté. A Toulouse, il nous faut enchaîner toutes les phases de cette vie clandestine au cours d'un scénario réaliste se terminant par une exfiltration. Je suis pris toute une semaine dans un tourbillon de contacts, de ruptures, de reconnaissances et de recherches de boîte aux lettres.

J'arpente donc la rue Permaguinières le plus civilement possible en m'assurant que personne n'est à mes trousses, je colle des papillons place du Capitole et je trace des signaux à la craie sur le pont Saint-Pierre. J'ai *Paris Match* sous le bras gauche devant la basilique Saint-Sernin et j'échange mon attaché-case contre un autre au musée des Augustins. Je prends rendez-vous à la chambre de commerce sous un prétexte fourni par Amédée et je vais boulevard Lascrosses relever les plans d'un bâtiment de l'EDF, que je glisse dans une boîte d'allumettes. J'ai l'impression que soixante paires d'yeux me regardent lorsque je place cet ensemble compromettant dans la BLM Capucine... Je fais un peu de peine à mon instructeur, quelque peu dépourvu du sens de l'humour, en ajoutant un peu de fantaisie aux différents signaux qui émaillent mon existence quotidienne. Il me prédit que, si je continue à manquer de sérieux, je finirai dans les geôles du KGB...

Le dernier papillon collé discrètement sous une porte cochère, je rejoins la maison mère pour me préparer aux assauts de Spadassin. Sous ce nom de bretteur se cachent les trois stages en un seul, dont nous avons parlé.

La vie clandestine en milieu rural, les opérations aériennes et les opérations maritimes en guerre spéciale. Avec, pour seul bagage, un petit sac de voyage, toujours en civil, mais dans la configuration « exploitant agricole », je grimpe à l'intérieur d'un Citroën HY qui ressemble à une bétaillère, ce doit être la mise dans l'ambiance. Au bout de deux heures de route, nous nous arrêtons dans un petit bois et sommes priés de poursuivre à pied derrière un partisan peu bavard le long d'un interminable layon qui ressemble à une ancienne voie ferrée. Le petit bois s'avère être les Landes et nous espérons tous qu'on va s'arrêter avant Bordeaux. A deux heures du matin, nous entrons dans une maison sûre où un plantureux casse-croûte nous attend. Dans ce monde de brutes, c'est la première touche d'humanité depuis le début de la formation ! Ce moment de faiblesse vite passé, nous voilà repris en main par la filière d'infiltration, motorisée cette fois, et conduits jusqu'à un hangar dont la porte se referme sur nous. On me donne une combinaison, que je suis prié d'enfiler, et un parachute, dont je m'équipe séance tenante, pendant que mon sac de voyage disparaît dans une gaine de largage. J'embarque aussitôt dans un Nord 2501 qui décolle quelques instants plus tard. La nuit est noire, sans lune, comme le prévoit sans doute le règlement de manœuvre du parfait agent, et la destination inconnue.

Le hurlement du largueur, *« Debout, accrochez ! »*, me tire du sommeil où j'avais fini par plonger. La porte arrière gauche est ouverte, l'air froid s'engouffre dans l'appareil et je me mets en position à la porte. La lumière rouge est allumée, elle m'éblouit presque, tellement la nuit est sombre. L'avion fait des embardées brutales, sans doute pour s'aligner. Je ne vois rien et j'attends le feu vert qui me libérera de cette attente désagréable. Il ne vient pas, la lumière s'éteint et un lâche soulagement m'envahit pendant que je suis repoussé au fond de l'appareil : le saut est annulé. Mauvais balisage, absence d'identification ou conditions météorologiques défavorables, je ne le saurai jamais. Le vol se poursuit et je m'endors… pour me réveiller sur ce qui ressemble à une base aérienne. Quelques heures de sommeil plus tard et sans petit-déjeuner réparateur, nous sommes véhiculés jusqu'à une gare qui nous renseigne sur notre point de chute : Evreux…

Ce n'est qu'une demi-surprise car nous savons tous que la base d'Evreux abrite l'escadrille spécialisée du SDECE, à laquelle appartenait sans doute le bimoteur de cette nuit. Nous sommes invités à prendre un billet pour Paris où un partisan m'attend et me remet un autre billet pour Dijon. Et c'est le même instructeur qu'à Toulouse qui m'accueille dans l'ancienne capitale de la Bourgogne ! Je prends mon air le plus sournois pour le convaincre de mes bonnes dispositions clandestines.

Ma couverture, ou plutôt mon prétexte – car je n'aurai droit à une couverture que quand je serai grand, c'est-à-dire qualifié – m'est aussitôt fourni par mon chef d'équipe : nous « appartenons » à une firme de recherche géologique et sommes en prospection dans la région. A bord d'une voiture de location, un autre « élève » et moi nous laissons conduire par notre maître jusqu'à Montbard où le panneau d'entrée m'apprend que c'est la patrie de Buffon.

Nous voilà arrivés au gîte rural qui va nous servir d'école de guerre spéciale pendant deux semaines. Pédagogiquement parlant, nous sommes des élèves privilégiés avec un instructeur pour deux élèves. Les cours théoriques alternent avec la recherche des caches et autres BLM ou boîte aux lettres mortes, la mise au point d'un plan de sécurité, d'un autre de liaisons et les multiples reconnaissances que nécessitent nos activités répréhensibles.

Un parachutage si discret qu'on ne s'en est même pas aperçu

C'est ainsi que nous sillonnons la Bourgogne à la recherche de zones de largage et d'atterrissage. Ces zones sont différentes selon que nous nous apprêtons à recevoir un parachutage d'hommes ou de matériels, à faire poser un avion ou un hélicoptère. Sans aucune liaison air-sol et avec quelques lampes seulement, on peut parvenir à ce résultat, mais la procédure est lourde et les calculs compliqués. Rien n'est laissé au hasard, ce qui est compréhensible car, en ce qui concerne les zones de poser, la vie des pilotes est entièrement entre les mains des hommes qui tiennent les lampes.

Notre premier largage n'est pas couronné de succès, c'est le moins qu'on puisse en dire. C'est une zone en friche, à proximité d'un bois, qui présente les caractéristiques nécessaires, pas d'obstacles dangereux, pas d'habitations proches, accès motorisé possible, caches pour stocker le matériel etc. La nuit est noire, nous allumons nos lampes à l'heure prévue et nous entendons le bruit d'un avion. Tous feux éteints, il passe à basse altitude assez loin de nous et s'éloigne. Nous n'avons pas vu la tache claire d'un parachute s'en détacher et en déduisons que pour une raison inconnue, probablement son mauvais alignement, il n'a pas largué. Car aucune évolution de l'avion n'est prévue au cours de ces largages clandestins pour en assurer la plus grande discrétion. Nous rentrons nous coucher dans notre gîte en espérant que la propriétaire ne se montrera pas trop surprise par les heures supplémentaires et nocturnes de ces curieux prospecteurs.

A peine le temps de fermer les paupières que voici notre instructeur qui fait irruption dans notre chambre et nous intime l'ordre de retourner sur la zone car le largage a bien eu lieu ! Le jour se lève lorsque nous arrivons sur le terrain. Rien ni personne à l'horizon. Direction le petit bois où, effectivement, un colis est suspendu à un arbre. Nous récupérons la caisse et le parachute, non sans mal d'ailleurs, car l'ensemble pèse 80 kilos et le bois est touffu. L'*arma* (le colis) est récupéré, mais où est passé l'*homo* (le parachutiste) ?

Nous apprendrons par la suite qu'il a bel et bien sauté, est tombé sur une énorme souche en bordure du bois, s'est brisé la jambe, malgré cela a replié son parachute, l'a fourré dans son sac et s'est éloigné clopin-clopant de la zone. Arrivé sur une route goudronnée et ne sachant où il était, il a fait du stop et s'est fait conduire à la gare la plus proche. De là, il a regagné Paris puis Bayonne où il s'est présenté à l'infirmerie pour se faire soigner… C'était une très bonne recrue, d'une discrétion remarquable comme son comportement venait de le prouver ! Il a d'ailleurs eu le bon goût de ne pas nous en vouloir.

Les expériences suivantes furent plus heureuses, ce qui suffit à nous convaincre que la méthode n'était pas en cause, mais que l'erreur humaine restait possible. C'est ainsi que pour le poser de nuit d'un hélicoptère Puma, notre équipe frôla la catastrophe. La procédure prévoyait l'extinction des lampes de balisage lorsque les roues de l'appareil touchaient le sol. Pour une raison inconnue, le chef du moment éteignit sa lampe alors que l'hélicoptère était à encore à un mètre du sol. Le pilote crut que le sol était vaseux puisqu'il continuait à s'enfoncer, il redonna les gaz et un coup de manche pour se dégager, l'hélicoptère s'inclina… et le rotor frôla nos têtes, à quelques centimètres près nous étions décapités ! L'erreur n'était donc pas toujours du côté des pilotes. Notre confiance en eux s'accrut de semaine en semaine, au fur et à mesure des exercices, mais je restais convaincu que seul l'entraînement régulier, des équipes au sol comme des équipages, constituait la condition indispensable du succès de ces opérations spéciales.

Plutôt la nuit N que le jour J

Brevetés des opérations aériennes, il nous restait à l'être des opérations maritimes. La filière d'infiltration nous aspira de nouveau pour nous rejeter sur la côte méditerranéenne. Le temps de s'installer dans une maison de location près du Lavandou (le choix du mois de novembre économisait considérablement les deniers de la République...) et nous voilà en train d'arpenter toutes les plages du secteur, qu'elles soient à base de galets, de sable, de gravillon, de rochers ou de falaises.

Entraînement aux opérations maritimes.

Nous allions donc de la plage Cachalot à la cache Sardine, installant notre balisage à deux heures du matin et guettant l'arrivée de la navette et l'accostage des Zodiacs, embarquant à bord d'une vedette surgie de l'obscurité et pagayant à notre tour en direction de la côte, malgré le courant contraire, les yeux fixés sur les deux points lumineux du lointain balisage. Deux semaines de ce régime avaient complètement décoloré nos bas de pantalons, ce qui aurait dû suffire à une arrestation immédiate. L'exfiltration se fit à bord d'un bâtiment auxiliaire du SDECE, un chaland de débarquement dont le fond plat permettait l'échouement sur la plage, mais rendait la navigation particulièrement éprouvante en haute mer. Le tribut payé à Neptune par les estomacs des membres éminents des services spéciaux fut particulièrement élevé. J'échappai par miracle à cette imposition...

L'intendance doit suivre

Après avoir tant pataugé sur nos rivages, je n'étais pas étonné du nom du stage suivant. C'était *Spatangue* qui, comme chacun sait, est un genre d'oursin vivant dans les sables vaseux de nos côtes. Cette fois, il s'agissait de maîtriser toutes les opérations logistiques permettant le ravitaillement, le renseignement, les liaisons, la protection et l'action armée d'un mouvement insurrectionnel. Les guérilleros que nous devions soutenir étaient nichés dans les Montagnes noires, près de Castres, et durant un mois, il s'agissait de concevoir et de réaliser le système le plus sûr et le plus discret pour leur faire parvenir les tenues, les équipements, l'armement, les munitions et les explosifs, sans oublier les vivres.

Il nous fallut acheminer tout cela dans des caches que nous aménagions

Mise en cache de munitions.

et dont nous transmettions les coordonnées par un système de boîte aux lettres. Il fallut également infiltrer les instructeurs ou les spécialistes nécessaires, leur communiquer les renseignements concernant l'action armée qu'ils auraient à mener, c'est-à-dire l'objectif à détruire, les transporter au plus près si ce dernier était très éloigné, les récupérer après l'exécution du coup de main et les exfiltrer en zone sûre. Il s'agissait d'une vaste opération que les conditions météorologiques hivernales compliquaient encore. La lourdeur de la logistique est en effet difficilement compatible avec les impératifs de discrétion. Loin d'être un jeu intellectuel, ce stage recouvrait tous les aspects concrets du soutien envisagé dans une période de temps artificiellement concentrée.

Nous en sortîmes persuadés de la difficulté de l'entreprise, mais aussi convaincus que tout ce qui est trop compliqué ne marche pas. *Spatangue* mettait un terme à notre formation guerre spéciale du 1er niveau. Et nous regagnons Bayonne, un peu ahuris par toutes ces aventures, parfois picrocholines. Il fait un temps merveilleux sur le Pays basque en ce Noël 1977.

L'entraînement

Les commandos spécialisés devaient être en principe familiarisés avec tous les milieux, mer, montagne, jungle, désert, ville, et sous tous les climats. C'est pourquoi divers stages étaient organisés à leur profit en France, outre-mer et à l'étranger. Deux d'entre eux étaient communs à l'ensemble des commandos.

Le stage *Piranha*, un exercice de navigation en forêt dense d'une durée d'un mois, généralement en Guyane, pour un effectif de vingt personnes, permettait d'acquérir les techniques de stationnement et de déplacement dans la jungle et d'expérimenter les matériels de dotation. Il était précédé d'une reconnaissance, suivie d'une phase d'instruction dans les deux centres existant : le Centre d'entraînement à la forêt équatoriale (CEFE 9) organisé par le bataillon d'infanterie de marine de Cayenne et le CEFE 3 de la Légion étrangère à Régina. Il se terminait par un raid de plus de 60 kilomètres qui permettait de mettre en application l'instruction dispensée dans un milieu très formateur. Aujourd'hui, tout le monde s'entraîne dans la jungle mais à l'époque, l'*adventurous training* était l'apanage des Britanniques et de très rares unités françaises.

Le stage *Piranha* en Guyane.

Le stage *Khamsin* était un exercice d'accoutumance au milieu désertique d'une durée d'un mois, généralement à Djibouti, pour le même effectif de vingt personnes. Il s'agissait également d'acquérir les techniques de stationnement, de déplacement et de combat. Précédé d'une reconnaissance et suivi d'un raid avec le soutien et en coopération avec le 5e Régiment Interarmes d'Outre-Mer (RIAOM), la 13e Demi-Brigade de Légion étrangère (DBLE) et le Commando marine d'Arta.

Le stage *Khamsin* à Djibouti.

Ces deux stages faisaient l'objet de comptes-rendus très détaillés des enseignements tirés, ce qui permettait la constitution au GO d'une section « documentation-renseignement » particulièrement étoffée qui lui assura par la suite une autonomie bienvenue.

Mais l'entraînement portait également sur les spécialités de chacun des cinq commandos. Soumis aux normes « conventionnelles » pour ses dotations en munitions, le 1er RPIMa ne pouvait amener les tireurs d'élite de son commando Tir-Armement-Karaté au niveau souhaitable que moyennant une allocation supplémentaire. Le commando des chuteurs opérationnels, spécialisé dans les opérations aériennes, devait disposer de parachutes performants, d'équipements pour le saut à haute altitude et de potentiel pour les avions qui les larguaient. De la même façon, le commando nautique, spécialisé dans les opérations maritimes, manquait initialement de propulseurs et de remorques pour ses bateaux pneumatiques, d'équipements de plongée etc. Le commando sabotage-effraction ne pouvait se contenter de mettre en œuvre un pain de TNT, du cordeau détonant et de la mèche lente. Il lui fallait se hisser à la pointe du progrès en matière d'effraction brutale de portes ou de fenêtres et disposer d'un stock conséquent d'artifices et d'explosifs.

Quant au commando montagne, il comptait dans ses rangs des cadres hautement qualifiés et les Pyrénées toutes proches constituaient un très beau terrain de manœuvre pour son entraînement spécifique.

Stage montagne.

Mais comme chacun des commandos pouvait se retrouver sur un terrain montagneux, le régiment avait loué à la SNCF l'ancienne gare de Laruns, désaffectée depuis des lustres, à proximité des vallées d'Aspe et d'Ossau. De là, les commandos pouvaient rayonner tour à tour vers les stations de Gourette et d'Artouste pour la pratique du ski alpin et, bien sûr, celle des peaux de phoque. Un exercice, baptisé *Marcadau*, était également programmé dans les Hautes-Pyrénées. A cette occasion, le GO s'installait en bivouac au Pont d'Espagne, au-dessus de Cauterets et, de là, il pouvait s'entraîner hors des pistes battues, en haute montagne, de refuge en refuge.

Hors des pistes battues.

Enfin, le GO comptant dans ses rangs des pilotes d'avions légers et d'hélicoptères, il fallait songer aux heures d'entraînement qui leur étaient nécessaires pour qu'ils puissent conserver leur aptitude opérationnelle.

En matière d'instruction et d'entraînement spécifiques, les besoins du Groupement dépassaient donc largement l'enveloppe accordée au régiment par la 11e Division Parachutiste. Les demandes d'allocations supplémentaires partaient en longues rafales en direction des employeurs, 11e DP et Service Action du SDECE, qui répercutaient à leur tour les besoins exprimés par le GO vers la région militaire et l'état-major de l'Armée de terre. Si l'on rajoute à cela les demandes d'équipements et d'armement supplémentaires, comme des 4 x 4 Toyota pour ne pas s'enliser dans le désert, des postes radio et des groupes électrogènes, des armes de précision, un stand de tir moderne, une infrastructure améliorée etc. on imagine le combat franco-français qu'il fallait mener aux différents échelons pour obtenir satisfaction. Les fonds spéciaux de la DGSE ne suffisaient plus à la tâche et un expédient, impensable de nos jours, fut même imposé temporairement à tous les membres du GO : ils ne percevaient pas les frais de déplacement auxquels ils avaient droit à l'issue des exercices ou des opérations. Ceux-ci étaient transférés vers d'autres chapitres du budget, au mépris des règles de la spécialisation budgétaire et au détriment des intéressés, consentant malgré tout.

Mais revenons à la jungle et au désert qui vont concerner tous les commandos…

Descente en rappel.

La savane et le piranha

Gabon (juin-juillet 1980)

Guyane (octobre 1980)

Un petit « coup de savane » au Gabon va permettre au GO d'aborder plus sereinement la forêt guyanaise. Les exercices sont tellement plus faciles à réussir que les opérations. Mais la forêt profonde est un excellent révélateur et le hamac n'est pas forcément le symbole du farniente, surtout quand la Légion dirige l'entraînement des marsouins. Quant aux trois naufragés qui ont été sauvés et que vous allez découvrir, ils peuvent allumer des cierges par milliers, car ce sont trois miraculés...

Le commando du 1er RPIMa à pied d'œuvre en Guyane.

Prendre enfin le temps de préparer

Le chef de corps tient à ce que les cadres du régiment conservent leur aptitude « classique », tout en améliorant leurs savoir-faire spécifiques. De la même façon, il souhaite que le régiment soit perçu par la 11e DP comme un outil militaire performant et non simplement comme un réservoir de personnels réservé au Service Action.

Dans cet esprit, il va tout faire pour que le régiment participe aux manœuvres et exercices outre-mer au même titre que les autres unités de la division parachutiste, mais dans le créneau intéressant le régiment : reconnaissance, renseignement, action commando etc. Cela doit permettre au 1er RPIMa, d'une part de mieux se faire connaître et de montrer ce qu'il sait faire, d'autre part d'améliorer sa faculté d'adaptation et d'accroître son expérience des différents milieux géographiques et humains. Tout le monde a tout à gagner à l'application d'une telle formule en attendant la création, ou plutôt la re-création d'une force spéciale purement SDECE.

C'est dans ces conditions que je prends la tête d'un commando d'une trentaine d'hommes représentant la participation du régiment à la manœuvre *Franceville 1980*. Une fois n'est pas coutume, dès le mois d'avril, nous savons où nous allons, quand nous partons et ce que nous avons à faire. Nous profitons de cette véritable aubaine pour préparer soigneusement tout ce qui peut l'être en commençant par élaborer un programme détaillé. Après des années d'improvisations opérationnelles, c'est un petit plaisir qui apporte une grande satisfaction.

Dans l'épais dossier de manœuvre qui nous a été remis, le rôle dévolu à notre détachement est clair : après une mise en place par parachutage en fin de journée du 1er juillet dans la région de Franceville, rechercher le renseignement autour de l'aérodrome de M'Vengue afin de faciliter une opération aéroportée prévue pour le 2 juillet en fin de matinée. Juste avant le largage, neutraliser les défenses aériennes.

Dix jours de préparation nous permettent de définir les moyens à emporter, les modalités d'action, les ordres d'exécution et de réunir tous les documents indispensables, en particulier les cartes et photos aériennes. Les trois chefs d'équipes finissent par disposer des photocopies de cartes, du plan de l'aérodrome et de la photographie aérienne couvrant la zone de saut choisie et les itinéraires d'accès jusqu'à M'Vengue.

Deux jours avant le départ, nous simulons, au cours d'un exercice de synthèse sur l'aéroport de Biarritz-Parme, tout ce que nous aurons à faire au Gabon. Nous embarquons sur ce même aéroport le 26 juin avec armes, bagages et parachutes, à bord d'un Transall du GAM 56, destination Libreville. Le chef de corps nous accompagne.

Libreville après Abidjan

Une première escale à Abidjan nous permet de redécouvrir la capitale de la Côte d'Ivoire, bien connue de la majorité des cadres du régiment qui y entretient en permanence un détachement chargé, de jour comme de nuit, d'assurer la sauvegarde du président Houphouët-Boigny.

Après notre arrivée à Libreville, pendant que nous mettons la dernière main à nos préparatifs, notre colonel a la bonne idée d'aller reconnaître la zone de saut choisie d'après une photo aérienne à Bayonne. La région de Franceville est une zone de savanes où il y avait autrefois, paraît-il, beaucoup de lions. Nous avions choisi de sauter de nuit sur une crête herbeuse qui paraissait idéale et sans obstacles… La zone était, en réalité, une crête étroite avec, de chaque côté, des pentes très fortes et, au sommet, de nombreux petits arbres et beaucoup de termitières. En conséquence, l'heure du largage est avancée à 18 heures 30 et le marquage, fait de brûlots, est amélioré avec des lampes. Nous avons des parachutes 656/15 qui sont (un peu) manœuvrables, ce qui devrait améliorer la sécurité et la précision du largage.

Exercice *Franceville*

Le mardi 1er juillet à 17 heures, nous décollons de Libreville à destination de Franceville. Nous sommes très au large à l'intérieur du vaste Transall malgré tout notre barda et, une demi-heure plus tard, nous commençons à nous équiper dans le calme et même la sérénité, à bord d'un avion piloté par un équipage bien connu, attendu au sol par une équipe du régiment. Tout est réuni pour que nous soyons confiants. Le soleil est encore assez haut dans le ciel. J'inspecte mon radio et tout son harnachement, il va me rendre la pareille dans un instant. Il est caporal-chef et d'origine cambodgienne. Il a échappé à Pol-Pot, ce qui n'est pas le cas du restant de sa famille. Arrivé en France sans parler un mot de français, il l'a appris, s'est engagé, a gagné ses galons et ses qualifications radio. C'est actuellement un de nos meilleurs radios-guérilla sur le marché de la subversion. Il est de petite taille et son sac est énorme avec, à l'intérieur, tout ce qu'il nous faut pour les liaisons avec les différentes équipes, avec l'aviation et avec nos chefs, sans compter de quoi faire le café comme tous les radios du monde. J'ai une confiance absolue en lui, je sais que la liaison passera, d'une façon ou d'une autre. Le soleil commence à disparaître, la porte s'ouvre, l'air est chaud et nous volons très bas. Pour augmenter la rapidité et la précision de notre largage, nous allons sauter à 250 mètres, l'altitude des sauts opérationnels.

Il est 18 heures 27 lorsque la lumière verte s'allume et que je vois disparaître mon radio presque verticalement, tant son sac est lourd ! En dessous, la savane de Lekouba est prête à nous recevoir et le sol

Exercice *Franceville* au Gabon.

monte rapidement. Je porte au bras gauche une petite lampe rouge car la nuit tombe en même temps que nous. J'évite une gigantesque termitière au dernier moment et roule sur le sol aux pieds du colonel et du chef d'état-major de l'armée gabonaise venus voir et complimenter les parachutistes français. Sur cette crête étroite et escarpée, il nous faut une demi-heure pour regrouper le commando, rendre les parachutes, évacuer un blessé (18 points de suture pour une termitière !) et soigner quelques bobos car la *« splendide zone herbeuse et arrondie de la photo »* est en réalité assez mal pavée. Sans la connaissance mutuelle et même la connivence existant entre les largueurs, les largués, le marquage et l'équipage, nous serions encore en train de nous chercher ou bien il aurait fallu trouver une zone beaucoup plus vaste.

Il fait maintenant nuit noire et le commando se disloque pour gagner ses points d'observation par deux itinéraires différents. Chacun connaît son itinéraire par cœur. Nous suivons d'abord des crêtes, mais l'herbe à éléphant ne nous facilite pas la tâche. Nous avons pris soin de ne pas choisir des fonds de thalweg boisés pour la progression, mais à proximité de l'aérodrome, il y en a un qui est perpendiculaire à notre axe d'approche et que nous sommes bien obligés de traverser. Il s'agit de la rivière Mobango. Dans l'obscurité totale, rendue plus opaque encore par la végétation, nous faisons connaissance avec un échantillon de forêt aussi hermétique qu'aquatique. Le commando entier me maudit (intérieurement) d'avoir choisi cet itinéraire et, à grands coups de coupe-coupe et après force grognements, nous mettons presque deux heures pour franchir les deux cents mètres de ce coupe-gorge.

A 23 heures 10, les quatre équipes sont en place à leurs postes d'observation et commencent la recherche de leurs objectifs. Jusqu'au matin et sans avoir été détectée, chaque équipe, munie de matériel d'observation nocturne, recherche, localise, observe et transmet tous les renseignements sur les défenses de l'aérodrome au moyen de messages camouflés grâce au baptême du terrain préparé de longue date. Tous les messages parviennent à leurs destinataires et sont exploités avant le déclenchement de l'opération aéroportée (en abrégé OAP). A l'aube, tout le commando est regroupé sur une position d'attente à proximité de la batterie antiaérienne qui a été repérée et pendant plusieurs heures, nous reconnaissons les itinéraires d'attaque. A 9 heures, j'envoie au commandant de l'OAP le message météo pour la préparation de l'opération aéroportée, puis nous continuons l'observation des objectifs.

Une demi-heure avant l'arrivée des avions, nous nous déplaçons sur la base de départ reconnue pour l'assaut et à 13 heures 54, nous attaquons et « détruisons » la batterie anti-aérienne. Une minute plus tard, la première vague de parachutistes saute sur la piste et une heure après, nous faisons notre jonction avec les unités motorisées amies au carrefour des routes de Moanda et de Franceville.

Mais la guerre n'est pas finie et le soir, nous sommes poussés en véhicules jusqu'à Mopia, à une trentaine de kilomètres de Franceville, où nous rejoignons un commando de l'Air qui a sauté l'après-midi. Nous bivouaquons dans la forêt et profitons de la relative fraîcheur des commandos de l'Air pour sombrer dans un sommeil réparateur, sous la protection de leur garde vigilante. A 6 heures, le radio me réveille, un café brûlant à la main. Je saisis cette occasion pour le féliciter, car toutes les liaisons, sans exception, ont fonctionné. Le TRPP 13 pour nos liaisons à l'intérieur du commando, le volumineux TRTM 4, qui représente une charge pour deux hommes, pour les liaisons extérieures et le TRPP 18 pour les liaisons air-sol. Une belle performance pour le petit caporal-chef qui reste imperturbable sous l'avalanche de compliments.

A 6 heures 30, nos ordres arrivent. On nous demande d'interdire le repli de l'ennemi du nord et le renfort de celui du sud. Je dispose du commando de l'Air et nous avons deux heures devant nous pour notre mise en place. C'est largement suffisant car le terrain est très coupé, boisé et les convois ne peuvent pas quitter les axes. Après avoir choisi le terrain et le dispositif, nous prenons le temps d'aménager les emplacements, de réaliser des abattis, de piéger les fossés, de miner la route et d'organiser le guet. Le lieutenant du commando de l'Air est tout content. Heureusement pour le président Bongo, nos guetteurs aperçoivent et identifient le convoi présidentiel avec une avance suffisante pour le laisser passer sans incident.

Lors de l'exercice, le convoi présidentiel n'était pas prévu au milieu du dispositif.

Nous sommes en pleine brousse et je me demande comment son escorte aurait réagi à l'explosion d'une mine fumigène. Bien entendu, aucun membre de la direction d'exercice ne nous avait prévenus qu'il allait passer. Je conserve la photo prise en voltige et discrètement, en souvenir… A 11 heures 30, nous « détruisons » une Jeep, deux camions et capturons quarante soldats ennemis qui refluent du nord. A midi, le radio me sert des ignames qu'il a trouvées dans la forêt et à 15 heures, c'est un convoi ennemi venant en renfort du sud qui tombe dans notre embuscade. Nous étions gâtés jusqu'au bout…

A 16 heures nous parvenait le signal de la fin d'exercice, le fameux FINEX qui est statistiquement le seul message qui arrive toujours fort et clair à tous les destinataires.

Une gare fantôme

La bataille finie, je participai, de loin, au traditionnel débriefing de l'exercice qui eut lieu à Franceville. Je m'y rendis en Jeep. L'aérodrome était tout neuf, la ville aussi, ainsi que la gare et ses quais. La nuit tombait lorsque j'y parvins, les lampadaires étaient allumés et je vis qu'il n'y avait pas de voie ferrée. Le Transgabonais était encore du côté de Lambaréné… Le chef de corps représentait le régiment au débriefing. Tous les grands chefs des armées françaises et gabonaises étaient présents. Selon la formule consacrée, je fus récompensé dans la personne de mon chef qui fut décoré du Mérite gabonais !

En fait, j'étais content que tout ait aussi bien marché, nous avions eu beaucoup de chance et tout cela était bon pour le 1er RPIMa. Nous ne retirions que des bénéfices de notre participation à cette manœuvre et tout plaidait pour que cette expérience soit renouvelée. D'ailleurs, en matière de forêt inextricable, je ne croyais pas si bien dire et si vite…

Pour l'instant, pas d'adversaire à l'horizon, c'est le moment de favoriser l'entraînement. Le premier exercice d'accoutumance à la forêt profonde ne m'échappera pas. Il s'appelle *Piranha*.

Un milieu formateur

Les six détachements d'intervention du Groupement opérationnel, à la destinée duquel je préside depuis le début du mois, doivent être capables d'agir dans tous les milieux, désertiques, montagneux, polaires, maritimes, urbains et bien sûr « sylvestres » ! Plus facile à dire ou à écrire qu'à réaliser, mais on s'y emploie ! La forêt guyanaise constitue un milieu particulièrement formateur. Le récent parachutage de notre commando spécialisé dans la savane gabonaise, de nuit, du côté de Franceville, nous avait fait traverser un tout petit morceau de forêt aussi hermétique que peu sympathique qui nous avait coûté beaucoup de temps et de sueur, pour ne pas dire de larmes. C'est pourquoi les problèmes de franchissement et d'orientation nous intéressaient au plus haut point, les problèmes, mais surtout les solutions…

Un détachement précurseur a pris tous les contacts en septembre. Le programme est prêt avec une phase d'acclimatation, une phase de formation et un raid dit « de synthèse ». Et c'est forcément un bon programme, puisqu'il comprend trois parties…

Exercice *Piranha*

Nous quittons Biarritz-Parme, en Nord 2501 avec armes et bagages. Posés au Bourget, nous sommes logés à la base de transit pour notre bref séjour parisien, qui commence par un dîner inoubliable à Aubervilliers, ce qui nous permet de partager la vie exaltante des banlieusards et d'avoir un avant-goût du séjour exotique qui nous attend.

Le lendemain, nous faisons une traversée de l'Atlantique sans histoire à bord d'un DC 8 militaire. Arrivés en Martinique, nous nous installons dans un centre de repos (Il n'y a qu'outre-mer qu'on se fatigue !?) situé à 50 kilomètres au sud de Fort-de-France. Nous avons 48 heures de vacances à passer dans cette crique en attendant le Transall qui doit nous conduire en Guyane. C'est la saison des pluies et ça dégringole ! Notre radio nous fait malgré tout une éclatante démonstration d'escalade de cocotier après s'être entravé les chevilles avec un foulard.

6 octobre, Cayenne. Nous sommes logés dans un casernement de la Garde républicaine. Je vais me présenter au colonel de gendarmerie qui me murmure confidentiellement que les légionnaires ne nous font pas de cadeau en nous envoyant, pour le raid de synthèse, dans le coin le plus pourri de la Guyane. Notre départ est prévu demain matin à 6 heures. Le programme concocté laisse peu de place au farniente. Nous aurons une seule journée pour « souffler », celle du 28 octobre, qui sera consacrée à la visite du centre spatial, à celle des îles du Salut, au repas de corps et à notre pot d'adieu !

Les marsouins nous dégrossissent

C'est d'abord sur le CEFE 9 que nous comptons pour nous acclimater. Il s'agit du Centre d'entraînement à la forêt équatoriale du 9e Bataillon d'Infanterie de Marine qui est chargé de nous « dégrossir ». Je découvrirai assez rapidement que, pour le CEFE, « dégrossir » est un synonyme de « maigrir ». Mais il nous faut d'abord apprendre l'articulation du détachement. En forêt, il est toujours divisé en deux : une équipe de tête chargée de l'orientation, dont je vais détailler le travail, avec le chef (devinez son nom), l'infirmier et les radios. Tout le monde porte son sac (35 kilos minimum), sauf les deux « layonneurs ». A une heure trente ou deux heures derrière suivent tous les autres, transformés en sherpas, croulant sous le poids des matériels, c'est l'équipe de queue. On change l'équipe de tête tous les jours. Sachant qu'au bout de deux minutes de marche, on est en sueur des pieds à la tête, on peut se demander si nous ne sommes pas tombés sur la tête pour mener volontairement cette vie de portefaix.

Tout compte fait, c'est une existence simple et rude, et sans doute utile puisque le chemin ainsi tracé sera la future route de Regina à Saint-Georges. Mais revenons à notre équipe d'orientation. Une bonne navigation en forêt nécessite la bagatelle de cinq hommes et me voilà promu « chef d'équipe », la boussole Sylva (la bien nommée) à la main, indiquant d'un doigt ferme la (bonne) direction à mon « jalonneur », le capitaine C., facile à repérer avec son 1,94 mètre, qui va se placer le plus loin possible à vue pour matérialiser cette direction ; c'est alors qu'entrent en action les deux « layonneurs » musclés, les capitaines P. et S., coupe-coupe en main, qui taillent la route, au sens propre, entre C. et moi. Deux « marqueurs » poursuivent le travail en entaillant les arbres pour que, même de nuit, on puisse suivre le layon. Enfin, deux « étalonneurs » ferment la marche de l'équipe, topofil à la main. Il s'agit d'un dérouleur contenant 4 ou 5 kilomètres de fil blanc, fin mais solide, permettant à la fois de mesurer la distance parcourue à l'aide d'un cadran et de suivre le fil d'Ariane. Rustique, mais vital puisque dans quelques jours, c'est parce que nous aurons cousu de fil blanc une partie de la forêt que trois hommes auront la vie sauve. Mais n'anticipons pas. L'usage du topofil n'ayant plus de secret pour nous, c'est maintenant le secourisme que nous ingurgitons avec de fortes doses de soins à dispenser et de blessés à brancarder. Car il parait que les coupures, les piqûres et les brûlures ne vont pas manquer et que tout s'infecte à une allure record dans cette atmosphère moisie !

La maison mobile

Enfin, chaque matériel et chaque équipement sont soigneusement passés en revue afin d'en tirer le maximum. A commencer par l'état des chaussures. Dans le Grand Nord arctique, il fallait avoir des dents en bon état pour y être admis, ici, ce sont les semelles des rangers qui doivent être comme neuves – on ne tardera pas à comprendre pourquoi. Le maniement du coupe-coupe retient également toute notre attention car il est capable de sectionner beaucoup plus que les branches. Enfin, une merveille de la technologie amazonienne est l'objet de nombreux exercices : c'est le hamac brésilien qui est techniquement très bien conçu, physiquement confortable et moralement rassurant. Avec un peu de corde solide et une toile plastique résistante, c'est un mobil-home de rêve !

C'est ainsi que nous faisons le tour des différents camps d'instruction, Oyak, Rossi et Coulon, spécialisés chacun dans une ou deux disciplines, et peuplés d'instructeurs qui nous assènent à coup de *drills* les techniques de déplacement et de stationnement en forêt. Le combat n'est pas oublié et nous effectuons de nombreux tirs aux différentes armes, mais encore une fois, comme dans le Grand Nord, il s'agit moins de

Un mobil-home de rêve... en Guyane.

combattre que de survivre. C'est pourquoi, aux cours de layonnage et d'abris, viennent s'ajouter des rudiments de chasse et de pêche, et même de braconnage. Pour que nous soyons comme un poisson dans l'eau, la partie aquatique est particulièrement soignée et nous avons droit à une marche mémorable dans la mangrove, consistant pour l'essentiel à s'emmêler les pieds dans les racines de palétuviers. Enfin, une dernière instruction sur la navigation en pirogue nous permet de nous familiariser avec le franchissement des « sauts », autrement dit des chutes d'eau.

Le temps de l'acclimatation est déjà terminé et les marsouins satisfaits nous livrent aux légionnaires dédaigneux. Nous avons vraiment l'impression d'avoir passé trois jours dans une cocotte-minute et nous commençons à trouver qu'on devrait laisser la Guyane aux Guyanais si ça leur fait plaisir, ou leur envoyer les écologistes. Nous avons eu toutefois l'occasion de voir un exemple d'adaptation très réussie. En effet, avant de quitter le centre, nous sommes partis en pirogue sur la rivière Comté jusqu'à Cacao, un village où se sont implantés des réfugiés laotiens, et la surprise est grande lorsque, dans une boucle de la rivière, nous accostons « en Indochine » en plein milieu des Hmongs ! Une petite merveille de village, des maisons impeccables, les enfants à l'école, les bébés à la garderie, entourés de leurs mères en costumes traditionnels avec de très jolis bijoux d'argent autour du cou et surtout, les adultes qui travaillent la terre, mettant en valeur des hectares et développant des cultures maraîchères, du jamais vu en Guyane !

Savez-vous que Tarzan a été légionnaire?

Sans prendre le temps de souffler, c'est en pirogue que nous gagnons le CEFE 3, 3 pour 3e Régiment Étranger d'Infanterie, le même centre d'entraînement que celui des marsouins, mais en vert et rouge cette fois, les couleurs de la Légion ! On passe manifestement à la vitesse supérieure en enchaînant les parcours topographiques, qui sont l'occasion d'étalonner soigneusement son pas, les parcours-pièges, ceux que l'on tend et ceux dans lesquels on peut tomber, les parcours d'obstacles, très aériens – Tarzan a dû être légionnaire – et enfin les parcours de franchissement où l'on ne quitte l'eau ou la boue que pour mieux s'y replonger.

Quelques jours de ce régime, infligé avec le sens de l'humour et la décontraction qui caractérisent nos amis légionnaires, nous permettent de faire valoir nos « droits à la retraite » par l'itinéraire de repli le plus redouté de la Guyane : le layon dit « ONF », une piste très accidentée, d'une dizaine de kilomètres de long, franchissant la montagne des singes, sorte de butte verticale justifiant parfaitement son nom de baptême et qui sera l'occasion pour chacun de comprendre enfin pourquoi il fallait des semelles neuves ! Car la marche en forêt équatoriale est réellement un sport de glisse, qu'il s'agisse d'escalader une motte de terre ou de jouer les équilibristes sur un tronc d'arbre couché... Trois pas en avant, deux pas en arrière, quand ce n'est pas l'inverse ! Et lorsque c'est le chef de bataillon qui se répand, les rires sont difficilement réprimés...

La forêt ? Un sport de glisse !

Et nous voilà déjà déclarés bons pour le raid ! Nous nous accordons 48 heures pour bien nous préparer et le 15 octobre, nous partons en camion pour Regina par la nouvelle route de l'Est. Notre base de départ se situe au camp Szuts où nous faisons notre jonction avec une section de légionnaires commandée par un lieutenant. Nous joignons en effet l'utile à l'agréable en choisissant comme itinéraire de raid le trajet Regina - Saint-Georges, futur tracé du deuxième tronçon de la route de l'Est. La Légion nous accompagne pour « valider notre reconnaissance ». Honni soit qui mal y pense!

Coup de bambou dès le départ

Le départ pour la grande aventure est fixé au jeudi 16 octobre à l'aube. Dans nos anciennes tenues d'été en coton, les seules supportables dans l'humidité ambiante, nous traversons l'Approuague en pirogue à travers des bancs de brume. Malgré cette mise en train bien poétique, c'est le cœur un peu serré que nous nous enfonçons dans la forêt sur l'autre rive. Il y a plus de soixante kilomètres à ouvrir au coupe-coupe dans un terrain parfaitement inconnu, la carte étant uniformément verte. Nous sommes simplement munis des relevés hydrographiques réalisés à partir de photos aériennes ; autrement dit, nous savons que nous allons rencontrer plusieurs cours d'eau...

Dès le départ, la progression est très difficile car il nous faut traverser d'immenses buissons de bambous. Toutes les tentatives de percée

Prêts à traverser l'Approuague en Guyane.

échouent malgré nos savantes manœuvres au sabre d'abattis, et il nous faut les contourner. La ligne droite ne sera donc pas le plus court chemin pour aller de Regina à Saint-Georges et nous allons devoir tirer des bords. Je comprends maintenant pourquoi on parle toujours de navigation en forêt.

Après huit heures de détours et de glissades, le topofil prétend que nous n'avons parcouru que cinq kilomètres et c'est hélas la vérité. En prime, nous sommes complètement sur les rotules. A ce rythme-là, il va nous falloir mathématiquement 12 jours. Il est 16 heures, la nuit va tomber, nous aussi ! Les hamacs sont tendus. Au premier coup de sabre que je donne à l'arbre choisi pour fixer mon hamac, je reçois un jet de sève directement dans l'œil et cette saleté me brûle affreusement. Le toubib, qui a déjà devant lui toute une colonne de consultants, me soigne efficacement.

L'aube nous voit redémarrer gaillardement et le crépuscule arriver lamentablement. Mais il y a du progrès, le topofil annonce 6 kilomètres. Et il y a de nouveau la queue au dispensaire. Cette fois, c'est le capitaine A. qui a donné un malencontreux coup de sabre dans un nid de guêpes et qui a été cruellement piqué au visage. Pour ma part, j'ai tenté de fuir courageusement, mais elles m'ont rattrapé et piqué aux avant-bras qui ont pris du volume. Nous améliorons l'ordinaire grâce à notre fidèle radio, qui a décapité un beau serpent jaune et vert et qui le fait griller sur un feu. Je goûte sans conviction car j'éprouve une même répugnance pour les serpents morts ou vifs.

Dans la nuit, la cime d'un arbre tombe avec fracas à deux pas d'un légionnaire qui manque d'être écrabouillé.

Cinq cents mètres à l'heure !

La journée du 18 nous voit littéralement « ramer » dans un terrain épouvantable, réellement inextricable. Il faut changer les layonneurs tous les quarts d'heure et, au bout d'une journée épuisante, nous n'avons parcouru que 4,5 kilomètres ! La file d'attente s'allonge encore devant le toubib. L'infirmier et lui sont tout bonnement admirables, ce sont eux qui ont les sacs les plus lourds et ils n'ont jamais le temps de souffler, car tout le temps quelqu'un à soigner.

A mi-parcours, nous devons être ravitaillés par hélicoptère. Pour ce faire, il nous faut réaliser une zone d'hélitreuillage en coupant de nombreux arbres, car le câble de l'hélicoptère n'a que 50 mètres de longueur alors que certains arbres dépassent cette hauteur. Nous avons apporté dans ce but pas mal d'explosifs (chacun en porte un kilo), une tronçonneuse et deux jerricanes d'essence. Le légionnaire qui porte sur son dos, en plus de son sac, une des jerricanes, a mal fermé le bouchon et le carburant, en coulant, lui a brûlé une bonne partie du dos. Il faut dire qu'avec le matériel, l'armement et les vivres, chacun est transformé en portefaix et croule sous le poids des *impedimenta*. Alors que la Légion a choisi pour se nourrir la solution « rations collectives », agréables à avaler mais très lourdes à porter, nous avons opté pour des rations individuelles, moitié classiques, moitié déshydratées, c'est cher, mais plus léger et très nourrissant. Car l'eau se trouve partout. Quant à la chasse et à la pêche, dans un terrain comme celui d'aujourd'hui, il ne faut pratiquement pas y compter avec une visibilité inférieure à dix mètres.

Chacun est transformé en portefaix...

Notre ration avalée, nous nous réfugions avec plaisir dans nos hamacs, bien à l'abri sous la moustiquaire, après avoir placé nos chaussures à l'envers sur des piquets enfoncés dans le sol. Pour avoir négligé cette prescription, un de nos caporaux en souffre dès l'aube en se faisant piquer au pied par une grosse araignée cachée dans sa rangers. Un sous-officier de Légion en capture une autre, énorme, la pique au formol, la met dans une grosse boîte et fourre l'ensemble dans son sac !

Aujourd'hui 19 octobre, le ciel est avec nous et nous parcourons royalement 6 kilomètres.

Alors que nous étions arrêtés pour déjeuner, un magnifique grage-carreau a tenté de traverser le bivouac. On a aussitôt tué ce mortel animal, le plus dangereux des serpents guyanais. En fait, la forêt est si dense que l'on aperçoit assez peu d'animaux, en revanche, nous sommes particulièrement gâtés avec les insectes. C'est ainsi qu'à midi de grosses fourmis rouges m'ont piqué pendant le repas, m'occasionnant de véritables brûlures. Ce soir, la corvée d'eau de la Légion part faire la vaisselle en aval et j'entends, du fond de mon hamac, un légionnaire à l'accent germanique rouspéter : *« Ach, che toujours laver camelle »*. La justice n'est vraiment pas de ce monde.

Finalement, le programme de chacune de nos journées est à peu près le même et le paysage est très monotone. On part le matin à 6 heures 30 et on marche jusqu'à 16 heures avec une petite pause casse-croûte à midi, à une vitesse moyenne de 500 mètres à l'heure. A 16 heures, on s'arrête. De 16 heures à 16 heures 30, installation des hamacs, puis corvée de bois pour le feu, corvée d'eau, toilette et soins par le toubib. Dîner à 18 heures. Nettoyage de l'armement (ce qui nous permet de regretter la complexité de nos FAMAS avec ses innombrables petites pièces alors que les M 16 américains sont si simples). Puis liaison radio et dodo. Nous emportons même des somnifères car au bout de quatre à cinq jours, on n'a plus sommeil ! Je n'en éprouve pas le besoin et je m'endors en plein concert : le rire des couatas, les sifflets des oiseaux et les hurlements des singes...

Les traces d'un ancien layon

20 octobre. Au milieu de la matinée, nous arrivons à la crique Capiri qui est marquée sur notre relevé. L'état-major, qui conserve soigneusement la mémoire des missions précédentes, nous a dit qu'une section avait fait, il y a quelques années, le trajet Saint-Georges - crique Capiri. Effectivement, nous trouvons des traces anciennes de ce layon, mais la végétation a déjà repoussé. Le terrain devient en tout cas plus facile et, le soir, nous arrivons à une sorte de plateau où la végétation est plus clairsemée. Du sommet d'un rocher, on peut apercevoir la voûte immense de la forêt. C'est demain après-midi que nous devons être ravitaillés par hélicoptère. Il va nous falloir aménager la zone d'héli-treuillage. Le Puma ne peut pas se poser au milieu d'une végétation

Hélitreuillage au cœur de la Guyane.

pareille, mais si l'on coupe les arbres les plus élevés à la tronçonneuse et à l'explosif, il peut au moins descendre jusqu'à portée de câble.

Le mardi 21 octobre n'est pas un jour comme les autres, puisqu'au lieu de démarrer dès l'aube sur le layon, nous nous attardons à nous débarbouiller dans les trous d'eau pendant que les légionnaires aménagent l'aire d'hélitreuillage à grands renforts d'explosifs et de tronçonneuse. Soudain, un légionnaire n'en croit pas ses yeux en voyant sortir du bois une silhouette, puis une autre. Ce sont deux Européens presque nus, les pieds et les mains en sang, la barbe hirsute, le regard vide, le corps couvert de piqûres et de coupures. Ils nous tombent littéralement dans les bras avant de nous dire que leur troisième camarade est encore sur la piste, complètement épuisé. Une équipe de légionnaires part aussitôt à sa recherche et le ramène en début d'après-midi.

Paul, Michel et Joseph ont eu de la chance, beaucoup de chance. Ce sont trois étudiants de France métropolitaine venus visiter la Guyane. De Cayenne, ils ont pris l'avion jusqu'à Saint-Georges de l'Oyapock où ils ont passé quelques jours. Pour le retour, ils découvrent qu'ils n'ont plus assez d'argent pour prendre l'avion. On leur a vaguement dit que la nouvelle route de l'Est avait atteint Regina et, crime ou plaisanterie, un farfelu leur laisse entendre que Regina n'est pas très loin - ! -, qu'ils pouvaient tenter leur chance en empruntant un ancien layon tracé par la Légion, et qu'en deux jours - ! - ils atteindraient Regina...

Le fil d'Ariane et les trois miraculés de la forêt

Naïfs ou inconscients, sans doute les deux, nos étudiants quittent Saint-Georges, aux environs de 16 heures, le dimanche 12 octobre. Ils n'ont aucun équipement, seulement 48 heures de vivres, et se mettent allègrement en route pour Regina... à 60 kilomètres à vol d'oiseau à travers la forêt vierge. Ils n'ont pas de boussole et sont chaussés de tongs. Ils sont surpris par la nuit dès le début de leur marche. N'ayant pas de hamac, ils dorment à même le sol sur un carré de plastique. Ils marchent toute la journée le lundi, le mardi, le mercredi. Les vivres sont finis, ils ont dû jeter le pain, mouillé par les grains. Jeudi, vendredi, samedi se passent. Pas de Regina en vue, plus rien à manger, seulement l'eau des criques à boire. Dimanche, ils sont épuisés et arrivent devant une rivière en crue. Ils tentent de la traverser mais n'y parviennent pas et l'un d'eux est à deux doigts de se noyer. Les voilà maintenant complètement perdus. Ils savent que désormais ils ne peuvent plus compter que sur eux-mêmes. Leurs forces faiblissent mais ils conservent la volonté de s'en tirer. Ils passent leur huitième nuit en forêt. Le lundi, ils parviennent à tuer une raie avec un bâton et la mangent crue pour survivre. Ils font péniblement quelques kilomètres, mais ne savent pas dans quelle direction aller car il y a longtemps qu'il n'y a plus de layon.

Mardi, ils n'ont toujours rien à manger. En fin de matinée, ils découvrent des traces de pas, des branches coupées. Toutes ces traces paraissent relativement fraîches. Des hommes sont passés par là récemment, mais ils ne savent pas dans quelle direction il faut qu'ils aillent. Ils suivent le fil du topofil dans celle qui leur parait la bonne, entendent au loin le bruit des explosions, accélèrent leur marche, laissant le plus faible sur le layon. Une heure plus tard, ils tombent sur le premier légionnaire. Ils étaient perdus depuis douze jours !

Ils reviennent de loin, car si nous ne nous étions pas arrêtés pour ce ravitaillement par hélicoptère, ils n'auraient jamais pu nous rattraper et seraient morts sur le layon. Ils ont eu surtout une chance inouïe de croiser le layon et de tomber sur le « fil d'Ariane », qu'ils auraient très bien pu suivre dans le mauvais sens, épuisés comme ils l'étaient.

Dans l'immédiat, on leur prépare un repas, on leur donne des vêtements secs et le médecin leur prodigue les premiers soins selon la formule consacrée. Ils ont 20, 22 et 24 ans, une constitution robuste, un moral solide et surtout une chance extraordinaire dont ils commencent seulement à prendre conscience.

Cinquante minutes plus tard, le capitaine D. amène son Puma à la verticale de la zone minuscule, guidé par notre signal. Le sergent-chef K. déroule son treuil, descend le premier colis de vivres et remonte Michel, puis c'est le tour de Joseph et enfin de Paul. Cap sur Rochambeau où les pompiers prévenus accueillent nos naufragés et les conduisent aussitôt à l'hôpital. On les gardera quelques jours, le temps de panser leurs plaies et de les remettre sur pieds. Ils feront la une du quotidien France-Guyane et le lieutenant C. sera à juste titre fier et heureux d'avoir arraché trois vies à la forêt.

Quant à nous, stimulés par cette rencontre et requinqués par un solide ravitaillement, nous avalons gaillardement 12 kilomètres le mercredi, 11 kilomètres le jeudi et 8 le vendredi où nous atteignons l'Oyapock. En neuf jours, nous avons parcouru 64 kilomètres et il ne reste pas grand chose de nos tenues de départ !

Après une remise en condition très appréciée, nous embarquons dans des pirogues en direction de Camopi.

En pirogue sur l'Oyapock.

Ainsi se terminait pour le détachement du 1er RPIMa le premier *Piranha* d'une longue série, un exercice bénéfique à bien des points de vue, et qui avait en tout cas le mérite d'avoir sauvé trois vies sans en perdre aucune !

Les rats du désert

Nouveau-Mexique (décembre 1980)
Djibouti (janvier-février 1981)

Entre le Far-West et la Corne de l'Afrique, les déserts sont décidément bien différents. Mais comme nul ne sait à quelle sauce le GO du 1er RPIMa sera accommodé, toutes les expériences sont bonnes à prendre. D'ailleurs, les échecs des uns peuvent contribuer aux succès des autres. Cependant, nos amis de Fort Bragg apprennent à leurs dépens que *"la première qualité du soldat est la constance à supporter la fatigue et les privations ; la valeur n'est que la seconde"*…

La devise des Bérets verts américains, « *De oppresso Liber* ».

Le grand Bara à Djibouti.

Le trou de mémoire de l'armée française

Après la montagne, la mer et la forêt, il nous restait encore à acquérir l'expérience d'un milieu difficile : le désert. Certes, j'avais fait en Arctique au sein des forces canadiennes la connaissance d'un désert tout blanc avec de la glace, du blizzard et un froid insupportable (moins 51° de moyenne sur une durée de deux semaines), mais cela restait une aventure exceptionnelle, presque marginale et sans réelle perspective d'application guerrière. En revanche, l'envoi de commandos dans des zones désertiques n'avait rien d'utopique et il fallait bien y préparer le plus grand nombre.

L'armée française avait une longue pratique de ce milieu. Elle avait mis sur pied des unités spécialisées et il existait encore dans ses rangs de nombreux cadres qui avaient servi dans des compagnies sahariennes ou des escadrons de garde nomade. Mais sa mémoire était incroyablement courte. Les centres de formation spécialisée avaient été dissous, les personnels dispersés et les matériels avaient, eux aussi, disparu. Pas moyen, en 1980, de mettre la main sur un compas solaire ou sur un manuel de navigation en zone désertique. Depuis près d'un siècle, des milliers d'officiers, de sous-officiers et de soldats français avaient traversé les déserts les plus redoutables, tracé des cartes, mis au point l'équipement idéal pour les hommes comme pour les véhicules, combattu dans les dunes, les ergs ou les oasis, mais à moins d'aller faire un tour au service historique, on n'en trouvait nulle trace dans les manuels ou les règlements en vigueur. Tout s'était évaporé…

Cependant, nous avions encore des garnisons aux portes du désert, au Tchad et à Djibouti. Ce dernier territoire étant plus calme que le premier, je fis prendre les contacts nécessaires par le bureau opération-instruction pour pouvoir nous y rendre dès le début de l'année suivante. Mais sans attendre ce prochain rendez-vous, les USA et la Providence unirent leurs efforts pour nous faire découvrir un désert très particulier: celui du Nouveau Mexique…

Encore des Bérets verts

Chaque année, nous avions un entraînement commun avec les *Special Forces* US. Les années précédentes, notre représentation avait été symbolique en raison des opérations en cours, mais en cette fin d'année 1980, nous étions tout à fait disposés et disponibles pour faire honneur à l'exercice bilatéral. A peine sortis des bois touffus de *Piranha*, nous étions prêts à nous transformer en rats du désert.

Et c'est ainsi que nous quittons Roissy le lundi 24 novembre à bord d'un triréacteur de la TWA à destination de Boston. Tout le commando des chuteurs opérationnels est joyeusement réuni à cette occasion sous la houlette du capitaine C. et du lieutenant P. Nous ne sommes pas fâchés de changer d'avion à Boston car la TWA n'a rien à envier à Air France en matière d'hôtesses désagréables. Nous sommes en revanche très bien accueillis à Washington par les représentants de la CIA qui nous soustraient à tous les contrôles et nous conduisent dans le meilleur restaurant… français de la capitale ! L'estomac plein et les paupières lourdes, nous prenons un nouvel avion de ligne pour gagner Fayetteville en Caroline du Nord à proximité de Fort Bragg, la gigantesque base qui abrite la plupart des parachutistes et des forces spéciales des Etats-Unis d'Amérique. Un premier bon point pour les USA : si les automobiles sont massives et puissantes, la circulation est, quant à elle, lente, régulière et contrôlée, en particulier sur la base où la police militaire est omniprésente aux heures de pointe.

Mais il est déjà temps de transformer les 14 « civils » français en *Airborne US*. Après un solide petit déjeuner qui nous permet d'enrichir notre vocabulaire d'expressions usuelles que l'on chercherait vainement dans un dictionnaire – telle que *sunny side up* pour les « œufs sur le plat » – nous allons percevoir notre paquetage au magasin du 3e bataillon du 5e groupe des Forces spéciales. Nous avons droit à un treillis camouflé qui a l'air léger, confortable et résistant, un sac à dos qui nous paraît énorme jusqu'à ce qu'on perçoive le sac de couchage que l'on soupçonne d'être biplace tant il est volumineux, un poncho immense et pourtant plus léger que le nôtre, un filet de camouflage transformable en hamac, une pelle pliante ultra légère et une paire de rangers souples comme des pantoufles. Un deuxième bon point pour les US : leurs intendants ou leurs commissaires réalisent des équipements bien adaptés, les nôtres ont encore beaucoup de progrès à faire. A peine équipés, nous suivons les cours du parfait petit parachutiste, car, cet après-midi, nous allons passer le brevet américain. Nous avons donc droit à la théorie traditionnelle en la matière, suivie de séances pratiques d'agrès et de *drills*. Rien ne nous est épargné et nous nous tapons gaiement le derrière par terre jusqu'à ce que nous soyons déclarés bons pour le saut. Bien que les parachutes US aient une surface beaucoup plus grande que les nôtres, le *lunch* est plutôt frugal et c'est l'estomac léger que nous embarquons dans les véhicules qui nous amènent directement sur la zone de saut, en passant par la route périphérique qui nous fait longer toutes les installations de tir et d'exercice bordées de magnifiques sapins.

Recousu incognito

Arrivés sur la zone, pas question d'admirer le paysage qui est pourtant fort beau, un moniteur nous invite à nous échauffer avant de commenter nos roulés-boulés. Puis, c'est le moment de percevoir nos parachutes automatiques et manœuvrables avant de déclarer la guerre au harnais, aussi compliqué que récalcitrant. A peine sommes-nous équipés que notre hélicoptère se présente. Il s'agit d'un énorme CH 47 Chinook, successeur de la Banane, qui brasse l'air de ses deux gigantesques rotors. On nous distribue avant l'embarquement des bouchons d'oreilles, car le bruit des réacteurs est assourdissant. Nous entrons par où nous allons sortir, une rampe située à l'arrière de l'appareil, et nous prenons place sur les banquettes en toile disposées de part et d'autre de l'immense soute qui peut contenir une bonne quarantaine de soldats. Le temps de gagner l'altitude de largage, environ 500 mètres, et le premier stick est déjà debout face à la tranche arrière béante barrée par les silhouettes imposantes de deux largueurs géants. Au feu vert qui, dans toutes les aviations du monde, précède le go libérateur, ils auront bien du mal à ne pas être embarqués par l'élan désordonné des parachutistes français... La zone est vaste, le vent faible et l'air léger, et, malgré les possibilités de manœuvres restreintes du parachute américain, nous atterrissons tous relativement groupés. Il est prévu que nous effectuions quatre sauts pour obtenir le brevet de parachutiste d'élite américain, par conséquent nous ne traînons pas au sol après notre atterrissage, mais remontons dans l'hélicoptère pour sauter à nouveau sans prendre le temps de souffler.

Lors du quatrième et dernier saut, alors que je suis le premier de mon passage et que les largueurs n'ont pas encore récupéré les sangles des parachutes ouverts qui se balancent dans les remous du sillage, je ressens en sautant l'impact d'une grande claque qui me gifle violemment le côté droit du visage. Mon parachute s'ouvre normalement et en portant la main à mon visage, je m'aperçois que je saigne abondamment. Mon parachute plié et réintégré, je vais voir le *medic*, autrement dit l'infirmier responsable de la zone de saut. On prétend qu'ils sont tellement bien formés dans les forces spéciales qu'ils sont capables de vous opérer de l'appendicite ! Il prend, en tout cas, le temps d'examiner mon oreille droite dont le cartilage a tout simplement éclaté. Son diagnostic est sans appel : évacuation immédiate sur l'hôpital de

Fort Bragg. Et me voilà passager arrière d'un pick-up en direction de l'établissement. A l'entrée de l'hôpital, un arrêt brutal me tire de ma rêverie. Le conducteur et le chef de bord giclent hors du véhicule et m'invitent fermement à en faire autant. C'est tout bêtement l'heure des couleurs et même les blessés étrangers doivent allégeance à la bannière étoilée… Incroyable mais vrai !

Ma théorie en sort renforcée : les Américains sont des Prussiens qui parlent anglais. Tenant un pansement sanguinolent de la main gauche, je m'extrais du véhicule et salue de la main droite le drapeau qui descend lentement.

Mes aventures ne sont pas terminées pour autant car, même aux urgences, il faut s'enregistrer, or mes gardes du corps ont pour consigne de ne pas dévoiler mon identité. Les responsables successifs n'ayant pas obtenu plus de succès de mes mentors, ils se résignent à admettre un blessé anonyme et je suis conduit sous bonne escorte dans la salle d'opération où un chirurgien d'origine vietnamienne m'anesthésie localement et passe près d'une heure à recoudre les morceaux d'une oreille non identifiée…

La Providence et le saboteur

Le lendemain, nous nous familiarisons avec l'armement en dotation et avec les procédés de combat en vigueur dans les Forces spéciales. C'est surtout l'armement qui retient notre attention, car il est fiable et très bien adapté. Il est clair que les Américains n'ont pas une Délégation générale pour l'armement qui les désarme, ni des syndicats qu'on refuse d'affronter, ni des usines ou des firmes en chute libre qu'il faut renflouer.

Nous terminons la semaine par une journée complète de sabotage. L'explosif utilisé est le Plastic C4, mais nous constatons que les techniques étudiées et mises en œuvre sont d'un niveau élémentaire. Pour la séance pratique qui suit immédiatement la présentation théorique, nous nous rendons sur un polygone spécialisé où se trouvent plusieurs objectifs à détruire. Le nôtre est une magnifique camionnette qui est loin d'être à l'état d'épave, mais qui ne va pas tarder à l'être si j'en juge par le volume et le nombre des charges qu'on y place. Les charges posées, l'instructeur US met en place un système de mise de feu électrique et déroule une bobine de fil pour le relier à l'allumeur. Il s'aperçoit alors que le fil est trop court pour aller jusqu'à l'abri bétonné où nous nous trouvons. Qu'à cela ne tienne, il fait poster le demi-commando dans le fossé bordant la route, en terrain découvert à moins de cent mètres de l'objectif ! Nous quittons notre abri pour lui dire que c'est de la folie, qu'il doit aller chercher une bobine plus longue ou au moins faire reculer son équipe jusqu'à notre blockhaus…

Vlam ! Pour toute réponse, il vient de tourner la manivelle de l'exploseur déclenchant la mise à feu… *« Regardez-en l'air ! Regardez en l'air ! »*, hurlons-nous de toutes nos forces, et bien nous en prend. Le moteur, les roues, les portières montent lentement dans le ciel pour redescendre beaucoup plus vite, en gerbe, en plein sur notre équipe.

La Providence, encore elle, veille. Le moteur s'enfonce dans le sol à un mètre à peine d'un sous-officier, une roue rebondit et frôle un capitaine, de nombreux éclats de métal passent en sifflant au-dessus de nos têtes, des mottes de terre s'écrasent autour de nous. Miracle, personne n'est touché, mais le sous-officier responsable est traité de tous les noms et le prestige des SF US en prend un sérieux coup, car c'était vraiment la démonstration de ce qu'il ne fallait pas faire !

Le week-end est dédié à la célébration du *Thanksgiving Day* – bonne occasion de remercier la Providence – et nous sommes tous invités dans une famille pour le déjeuner traditionnel. L'après-midi est consacrée aux visites du musée J.F. Kennedy *(Special Forces)* et à celui de la 82e *Airborne.*

Au secret

Et c'est donc raccommodés avec nos instructeurs que nous abordons la préparation de l'exercice. Celle-ci est très minutieuse et menée dans le plus grand secret. Deux détachements mixtes sont constitués (moitié français-moitié US, l'un sous commandement français, l'autre sous commandement US). Les deux commandos sont isolés dans un bâtiment gardé par la police militaire. Chacun reçoit sa mission, son équipement et y passe la totalité des trois jours que dure la préparation.

Voici la mission reçue par les détachements : largué dans la nuit du 3 au 4 décembre par avion C-130 dans le désert du Nouveau Mexique, il s'agit pour chacun d'eux de s'infiltrer à pied à proximité des objectifs désignés, en s'approvisionnant en eau dans des caches répertoriées, de reconnaître les objectifs avant de les détruire, puis de s'esquiver en direction du Texas dans la région de Fort Bliss pour être exfiltré par C-130 en direction de Fort Bragg.

Au cours d'un premier briefing, une dizaine de spécialistes viennent exposer tous les problèmes que le commando risque de rencontrer dans des domaines aussi divers que la météo, les transmissions, l'action psychologique ou la santé. Un sous-officier US assure la liaison entre les détachements et le monde extérieur. Chaque détachement étudie ses objectifs à l'aide des cartes et des photos qui lui sont remises. Il commande les moyens qui lui sont nécessaires et donne ses ordres pour l'action. De nombreuses *check-lists* et d'épais formulaires permettent théoriquement de ne rien oublier. Un deuxième briefing en présence de l'officier de renseignement du bataillon donne au chef de détachement l'occasion de rencontrer un sympathisant local en provenance du pays objectif.

Avec mon homologue américain, nous pouvons passer d'un détachement à l'autre, ce qui s'avère particulièrement instructif. Les différences de méthode sont flagrantes. Le responsable US applique une méthode très processionnelle qui ne lui laisse que peu d'initiative. Il perd beaucoup de temps à remplir des formulaires et à répartir l'action en taches élémentaires et cloisonnées. Très vite, il perd la vue d'ensemble et distingue mal l'essentiel de l'accessoire. Il se livre consciencieusement à une sorte d'épicerie. L'étude débouche sur une solution où les ordres donnés pour le premier bivouac prennent plus de place que l'exécution du coup de main. Avec des principes qui sont bons, comme le souci du détail et la sécurité, mais appliqués sans discernement, il arrive à de médiocres résultats et donne l'impression d'être prisonnier du système. Le capitaine français C., qui est l'adjoint de l'officier américain, redresse la barre de temps en temps.

Du côté du lieutenant P., qui est le responsable français, le déroulement est très différent. Il garde l'initiative et veille à la cohérence entre les études des différents spécialistes. Il a précisé l'effet à obtenir, la destruction en souplesse et simultanée des deux objectifs fixés, et dirige la préparation pour que tout converge vers le choix final qu'il a fait.

Un troisième briefing termine la phase de préparation. Il s'agit de la restitution, par le chef de détachement et tous ses équipiers, de la totalité du déroulement de l'action. L'Américain a choisi d'attaquer en force et le Français en souplesse. Rendez-vous sur les objectifs dans quelques jours. Enfin, pour en terminer avec cette préparation, ses avantages et ses inconvénients, je constate qu'un détachement privé d'exercice physique et enfermé entre quatre murs pendant trois jours n'est pas au mieux de sa forme lorsqu'il sort de l'*isolation*.

Un étrange désert

Nous avons décollé dans l'après-midi du 3 décembre et survolé plusieurs états de l'Union avant de nous poser dans la nuit à Abilene au

Texas pour faire les pleins. L'orage grondait et l'on apercevait les dérives des gigantesques bombardiers B-52 alignés à perte de vue. Au Nouveau Mexique, les conditions météo étaient meilleures et nous redécollâmes aussitôt. La lumière rouge annonciatrice de l'imminence du saut s'alluma ainsi que l'éclairage de la soute et les deux détachements s'équipèrent, les sacs à dos sous les fesses et les armes à la bretelle, sans gaines contrairement aux équipements français. La rampe arrière s'abaissa et un air glacial s'engouffra dans l'appareil. Au feu vert, les deux détachements disparurent dans la nuit noire.

Et voilà le tableau qui s'offre à nos yeux le matin du jeudi 4 décembre : nous sommes au nord d'El Paso, au cœur d'une immense étendue désertique parfaitement plate, cernée par des massifs rocheux d'environ 3 000 mètres. Ce plateau aride est constitué de milliers de dunes de sable d'environ trois mètres de haut, dix mètres de long et cinq de large. Ces dunes aux pentes très fortes sont recouvertes d'épineux. Elles se succèdent tous les dix mètres. Le ciel est clair, la visibilité excellente. Les seuls habitants de ces lieux sont des lièvres et des coyotes. En effet, toute cette zone est utilisée comme champ de tir sol-air et même les Indiens Pueblos ont disparu. Et il fait un froid de canard. C'est bien un désert, mais glacial ! 18° au maximum durant la journée et en dessous de 0° la nuit. En guise de bienvenue, la première nuit, le vin (français) gèle dans les bidons (US) !

Les deux commandos ont environ 50 kilomètres à faire à pied pour s'infiltrer. Les Américains ont prévu de les faire en cinq jours, ce qui nous paraît vraiment beaucoup, mais il n'est pas question d'aller plus vite que leur planification. Le jour, ils se camouflent et la nuit, ils marchent. Le désert est sillonné d'innombrables pistes, mais les traces laissées par une vingtaine d'hommes se voient. Le détachement P. a la bonne idée de se disperser environ 500 mètres avant la zone de bivouac et n'est pas décelé. Le commando US qui a bivouaqué au bout de ses propres traces est attaqué par hélicoptère et obligé de se disperser, ce qui ne doit pas remplir d'enthousiasme la partie américaine car ils éprouvent une véritable répugnance à quitter les routes et les pistes pour s'engager en tout terrain. Chaque équipier US apprend par cœur la totalité de l'itinéraire, ce qui nous paraît assez peu réaliste au regard de la monotonie du paysage désertique et de l'absence de points de repère. Au chapitre des liaisons, les Forces spéciales françaises accordent une très grande importance au respect des contacts prescrits aux horaires prévus. Notre étonnement est donc grand de constater que nos homologues américains ne font pas tout ce qui est en leur pouvoir pour que les messages passent à l'heure et parviennent à leurs destinataires. En l'occurrence, ceux-ci se trouvent à 2 600 kilomètres. Ils ne recevront pas tous les messages, ce qui ne paraît guère satisfaisant.

Une étendue désertique parfaitement plate, cernée par des massifs rocheux d'environ 3 000 mètres.

Ce qui l'est encore moins, c'est la condition physique et morale des Américains de chaque détachement. Force nous est de constater que les nuits glaciales passées à marcher éprouvent davantage nos amis que les parachutistes français. Le mode de vie américain ne prédisposant pas particulièrement au goût de l'effort, les cinq jours et cinq nuits d'infiltration et de bivouacs camouflés paraissent aux Américains un effort démesuré alors qu'un détachement homogène français bien entraîné n'aurait probablement pas mis plus de trois jours pour réussir son infiltration.

A proximité des objectifs, l'exercice devient particulièrement réaliste. Il est conduit à double action, c'est-à-dire qu'il y un ennemi représenté et qui mène sa propre guerre. Ce souci du réalisme a conduit les Américains à choisir comme objectifs de véritables infrastructures militaires (installations radar et batteries anti-aériennes réelles) et chaque fois que possible, gardées par des troupes équipées d'armement, d'effets et de matériels soviétiques.

Chance ou savoir-faire, côté français, l'exécution du coup de main est exemplaire : une approche sans avoir été décelé, une mise en place des charges également discrète avec une destruction simultanée et une esquive très rapide, avec le sentiment d'un véritable acte de guerre grâce à la présence des blindés à roues de fabrication soviétique BTR-60 frappés de l'étoile rouge et de sentinelles en tenue russe etc.

Côté US, c'est aussi exemplaire mais dans l'autre sens. Prisonnier d'un système rigide, peu préparé à l'imprévu, l'officier américain tente d'appliquer un schéma prévu pour n'importe quel terrain, contre n'importe quel ennemi, sans grand succès. S'étant replié trop lentement, il est contraint de se terrer pendant deux jours à proximité de l'objectif attaqué, ce qui ne constitue pas la meilleure garantie de survie. Mais je ne voudrais pas généraliser à partir d'un cas particulier et il faut replacer cet exercice dans un contexte plus général.

Le fardeau de *Desert One*

Tout au long de cet exercice, nous avons eu l'impression que les Américains étaient encore très traumatisés par l'échec de *Desert One*, lorsqu'ils tentèrent en vain, en avril dernier (1980), de récupérer leurs otages en Iran. Cet échec est encore ressenti comme une humiliation par les militaires américains en général, et les Forces spéciales en particulier. Ils n'en ont pas encore tiré tous les enseignements, mais on sent bien qu'ils vont le faire en y consacrant tous les moyens nécessaires.

Par le Service Action et ses contacts avec la CIA, nous en avons su un peu plus sur ce qui s'était réellement passé. Dès le début du mois de novembre 1979, c'est à dire trois semaines après la prise d'otages, plusieurs plans avaient été présentés au président, prévoyant l'intervention d'un commando de 45 membres des *Special Forces*. Pendant cinq mois, le président n'a fait que reporter l'opération sous de multiples prétextes. Entre-temps, la garde des otages s'était renforcée jusqu'à 200 soldats, l'effectif du commando était passé à 90 hommes, le plan choisi avait été modifié trois fois et les hélicoptères embarqués sur un porte-avions étaient devenus dangereux à force de ne pas voler.

Malgré tout, le plan était encore bon et prévoyait la première nuit la mise en place à Tabas de sept hélicoptères. La région choisie était déserte mais comportait une route à proximité, ce qui facilitait le repérage de la zone de poser. Pendant cinq mois, un satellite était passé toutes les 98 minutes au-dessus de la zone et aucun mouvement de véhicules n'avait été relevé. La nuit de l'opération, il y en eut trois ! Des C-130 transportant les commandos se posaient à leur tour sur cette zone en apportant également du carburant pour les hélicoptères, puis repartaient vers leur base. Les hélicoptères transportaient alors les commandos à 80 kilomètres au sud de Téhéran. Les commandos étaient ensuite transportés en véhicules dans des maisons sûres à Téhéran par les réseaux de partisans iraniens.

La seconde nuit, l'ambassade devait être investie après neutralisation de toutes les sentinelles par des équipes d'action spéciale. Les hélicoptères se posaient aussitôt après dans l'enceinte (900 x 900 mètres), pendant que les avions C-130 atterrissaient au sud de Téhéran, puis la navette était établie entre les deux. L'évacuation durait toute la nuit.

Le premier cas non conforme se produisit avec la rencontre des trois véhicules. Le deuxième avec la défaillance technique de plusieurs hélicoptères, due semble-t-il à leur corrosion sur le pont du porte-avions. Le troisième fut la collision au sol entre un hélicoptère et un C-130 à la suite de l'aveuglement du pilote de l'hélicoptère par le sable soulevé par ses pales.

En fait, malgré toutes ces défaillances techniques, il restait suffisamment d'appareils de transport, car les Américains avaient prévu 30 % de moyens supplémentaires.

Sans porter de jugement sur la façon dont l'affaire fut conduite, les Américains semblent avoir été les victimes de leur propre richesse en moyens et en personnel. L'annulation d'*Eagle Claw* fut peut-être une mauvaise décision.

Cocorico

Mais revenons à notre exercice où une nouvelle période d'isolation attendait au Texas les deux détachements, période pendant laquelle ils eurent à remplir un nombre incroyable de questionnaires. Le bilan fut éloquent : concernant deux unités confrontées à un même milieu, au cours d'une même mission, avec les mêmes moyens, la comparaison entre la *Team SF* US et le commando français fut largement à l'avantage de ce dernier. La mixité des deux détachements permit de ménager les susceptibilités, mais dans le domaine du commandement des petits chefs, le cocorico était franco-français. Quelques verres de Margarita avalés dans un bar d'El Paso avec nos homologues US furent convaincants sur ce chapitre. Pour ceux qui me trouveraient un peu sévère vis-à-vis des Bérets verts, je les engage à lire le livre du général Stanley Mc Chrystal intitulé *My Share of the task*, qui critique l'armée américaine et les *Special forces* de 1980 et situe en 1982 le début de leur « renaissance ».

Le vol du retour mit les deux détachements d'accord : chacun dormit du sommeil du juste et pas un commando ne s'aperçut de la panne d'un moteur et d'une hélice en croix. L'avantage des quadrimoteurs est indéniable, il en reste suffisamment pour poursuivre tranquillement sa route, ce que nous fîmes, sans autre incident. La journée du 11 décembre fut consacrée aux emplettes au magasin PX, à la remise de nos brevets et au pot offert par les *Special Forces*. Après un dernier tour de cette immense base – il y a environ 50 000 hommes à Fort Bragg ! – nous prîmes la route de Fayetteville pour nous envoler vers Washington où une tempête de neige faillit nous empêcher de rallier Boston. Après une bonne douche d'antigel, l'avion réussit à décoller sans tomber dans le Potomac, ce qui nous permit d'attraper la correspondance pour Paris.

A Roissy, la température était celle de Fort Bliss…

Une portion de lune sur l'écorce terrestre

Bien que l'aridité du désert du Nouveau Mexique ne puisse être mise en cause, la fraîcheur de ses étendues avait limité le bénéfice de cet entraînement. Il nous fallait un désert chaud, nous allâmes le chercher à Djibouti. Accompagné du commandant J., je partis donc en reconnaissance dès le 18 janvier. J. était artilleur et passionné de topographie, c'était l'homme qu'il nous fallait pour monter les raids à pied et en véhicules qui devaient permettre à un commando du GO de parcourir un millier de kilomètres à travers ce milieu désertique, réputé pour sa température élevée et ses échantillons de terrains variés.

Quand vous quittez Fort Bliss !

Khamsin I

A tout seigneur, tout honneur, après notre installation au mess dans une chambre qui possédait une vue imprenable sur les oiseaux tisserands, nous commençons par prendre contact avec le COMFOR, ou commandant des forces, le général Bellamy, qui ne voit aucun inconvénient à notre venue sur le territoire et, fort de son appui, nous parcourons les bureaux de son état-major pour obtenir leur soutien. Nous rendons également visite aux unités stationnées sur le territoire (grand comme un mouchoir de poche) les marsouins du 5e Régiment Interarmes d'Outre-Mer (RIAOM), les légionnaires de la 13e Demi-Brigade de la Légion étrangère (DBLE) et le commando marine Trepel qui sera notre compagnon de marche. Grâce à un hélicoptère, nous reconnaissons la totalité de l'itinéraire prévu au Nord comme au Sud.

L'enfer de Dante

En passant de l'un à l'autre, nous survolons l'étau bleu foncé du Goubet au fond du golfe de Tadjoura et nous apercevons un énorme requin tapi au bord de la passe. Tout près, l'île du Diable émerge du gouffre des Démons. Il n'en faut pas tant pour justifier la réputation maléfique de ce coin perdu. Une route goudronnée viendra bientôt à bout de ces légendes, mais pour l'instant cette région n'est accessible que par la mer. Puisque nous avons la chance d'être à bord d'une Alouette III, nous en profitons pour réaliser une expérience très originale qui consiste à voler à 153 mètres en dessous du niveau de la mer ! C'est en effet l'altitude du lac Assal sur lequel nous nous posons, du moins sur sa banquise de sel. Spectacle étonnant que ce prodigieux décor de gypse, de sel et d'émeraude : un lac d'eau chaude et saumâtre entouré d'un cercle de sel et enchâssé dans un cirque de montagnes noires.

En quittant le lac Assal pour aller à Tadjoura, nous survolons une région volcanique exceptionnelle. C'est le Rift à ciel ouvert ! La théorie de la dérive des continents et de la tectonique des plaques à l'œil nu ! Un paysage hallucinant d'où émerge l'Ardoukoba, dernier né des volcans de la planète. Tout près de là, la fracture de l'écartement des continents qui lui a donné naissance serpente à travers la lave sombre de ce paysage lunaire.

Deux petits raids et puis s'en vont

Du 18 au 26 janvier, nous mettons au point le déroulement complet de l'exercice qui comprendra d'abord une phase d'acclimatement pour tout le personnel qui aura à parcourir toute la partie sud du territoire au cours d'un raid de 350 kilomètres, puis une phase tactique d'application avec le commando Trepel du groupement de fusiliers-marins commandos (GROUFUMACO) qui consistera en une nomadisation de 400 kilomètres dans la partie nord du territoire. En moins d'un mois, le commando aura parcouru la presque totalité du territoire (un peu plus de 20 000 kilomètres carrés) et expérimenté dans une ambiance d'insécurité tous les procédés techniques et tactiques, de jour et de nuit, pouvant être utilisés lors d'une éventuelle intervention.

Toutefois, comme il se déroule en saison dite fraîche, ce raid ne constituera qu'une expérience limitée qui sera nécessairement complétée par un exercice identique en saison chaude. Mais quelle que soit la saison, les conditions de vie sont si dures dans ce milieu naturel, que les réalisations les plus humbles, une hutte de nomade ou un puits pour les habitants, un emplacement de bivouac ou de combat pour les soldats, apparaissent comme les témoignages de la volonté et de la ténacité humaines. L'exercice s'appellera *Khamsin*.

Forts de tous ces contacts et assurés de tous les soutiens, nous reprenons fin janvier la route de Bayonne pour mettre la dernière main aux préparatifs de départ du commando.

Une station radio climatique

Le 8 février 1981, notre DC 8 se pose à Djibouti, rocher de madrépore, et le détachement s'installe sur le piton d'Arta, à quarante kilomètres de la capitale, qui domine le golfe de Tadjoura. Nous y installons notre PC car les liaisons radio passent bien à cette altitude de huit cents mètres, et la chaleur est moindre. Le lendemain, nous percevons auprès du bataillon des services une Jeep et trois Dodge 6 x 6 ainsi que nos munitions, nos vivres et des équipements complémentaires. La journée se passe à confectionner les paquetages et à parer les véhicules.

A l'aube du 10 février, notre petit convoi quitte Arta pour Dikhil avec As Eyla pour destination finale. Durant cette première phase motorisée, nous faisons de l'école de conduite sur route, sur piste, sur sable et sur caillou. Nous « naviguons » au compas et à la boussole, et faisons le point de station au théodolite dit simplifié. Lorsque la technique est au point, nous passons à la tactique du combat motorisé avec l'embarquement, le débarquement, les formations, la reconnaissance, l'observation, l'appui, le guet aérien, sans oublier l'installation en bivouac, le camouflage et l'aménagement des emplacements de combat.

De rudes conditions de vie pour les habitants du désert djiboutien.

Bref, nous essayons de faire en un jour tout ce que la colonne Leclerc a appris en plusieurs mois entre Fort-Lamy et Koufra... La dégustation de poussière est garantie et nous en profitons pour nous familiariser avec l'utilisation des puits. Celui de Dikhil se trouve au milieu d'une splendide palmeraie, lieu de passage privilégié entre l'Ethiopie et Djibouti. Enfin, l'entretien des matériels n'est pas en reste et comme les véhicules qui nous ont été confiés étaient stockés pour la mobilisation, nous passons pas mal de temps à les rafistoler. La meilleure façon de colmater les fuites est rapidement trouvée, c'est celle d'utiliser du Sintofer dont nous faisons une consommation immodérée.

Un monde fantastique

Le 11 février, nous quittons notre bivouac d'As Eyla aux premières heures de l'aube, non sans avoir dérangé quelques hyènes aux impressionnantes mâchoires, car c'est à pied que nous allons parcourir les 30 kilomètres représentant la distance aller et retour du lac Abbé. Le trajet est effectué en six heures, mais nos deux bidons nous paraissent bien peu de choses et l'eau chaude passe mal dans nos gosiers secs. Les nomades que nous croisons paraissent hors du temps, leurs huttes sont constituées d'une armature d'épineux recouverte de nattes tressées. Malgré l'abondance du gibier, ils ne sont pas chasseurs. A dos de chameau, mais le plus souvent à pied, car on ne monte pas les chameaux à Djibouti, ils se dirigent vers je ne sais où, surgissant du néant. On croit qu'il n'y a personne et l'on aperçoit soudain un groupe de femmes croulant sous un fagot de bois ou une outre en peau de chèvre. Les femmes sont belles mais ne doivent pas le rester longtemps car ce sont de véritables portefaix, corvéables à merci. Les hommes ont l'air de ne jamais rien faire, ils ont beaucoup d'allure avec leur bâton en travers des épaules et leur poignard à la ceinture.

La vaste dépression dans laquelle nous nous trouvons se caractérise par ses cheminées calcaires, hautes d'une cinquantaine de mètres. C'est un site étrange, aux odeurs sulfureuses, qui comporte de nombreuses sources d'eau brûlante. Des troupeaux faméliques avancent avec précaution dans ce décor lunaire aux rives incertaines. C'est sans beaucoup d'appétit que nous ouvrons nos boites de ration à l'abri de nos toiles de tente sous un soleil d'enfer au milieu des fumerolles de ce paysage d'apocalypse tandis que des vols de flamants roses tournent autour des cheminées Il suffit de se baisser pour ramasser de nombreux fossiles dans ce véritable berceau de l'humanité.

Le troisième jour est consacré à la navigation dans le désert du grand Bara, un lac desséché aux immenses étendues argileuses et craquelées, avec retour vers le champ de tir de Myriam, au pied d'Arta, où nous effectuons un parcours à tirs réels marquant la fin de ce premier raid d'accoutumance.

Aller et retour au lac Abbé à Djibouti.

Le 13 février nous permet de nous remettre en condition pour le deuxième raid, qui doit commencer à l'aube du lendemain après cet « échauffement » d'une petite semaine.

Les secrets de la mer Rouge

Obock est le point de départ de notre périple nord. Il nous faut donc traverser le golfe de Tadjoura. D'Arta, nous gagnons tout d'abord le port des boutres de Djibouti où nous avons rendez-vous avec un engin de débarquement de la Marine nationale. A côté des boutres colorés qui dansent sur les eaux claires de la mer Rouge, l'EDIC 9094 est à poste et nous embarquons en marche arrière. Nous sommes les seuls passagers et la manœuvre est rapide, l'appareillage aussi. Une heure plus tard, nous passons au large des récifs coralliens des îles Musha et Maskali, lieu de détente favori des habitants de la capitale, avec leurs plages de sable blanc bordées de palétuviers. Berceau de l'histoire coloniale de Djibouti et ancienne capitale du territoire, Obock nous apparaît d'abord comme une simple ligne blanche à l'horizon. Puis la petite ville se détache sur un fond de hautes montagnes et l'on distingue l'ancienne résidence du gouverneur, seul témoin des splendeurs du passé. A quelque distance on aperçoit alors le cimetière marin où est enterré Henri de Monfreid, ainsi que de nombreux marins français morts des fièvres sur la route des Indes. Nous entrons dans

L'EDIC 9094 va transporter les commandos du 1er.

le port en même temps que quelques pêcheurs qui ont jeté leurs filets cette nuit sur les tombants de la côte, récoltant carangues et barracudas dans le jardin sous-marin du golfe. En mettant pied à terre, nous songeons à tous ceux qui nous ont précédés : les marins qui cherchaient un mouillage et un endroit pour stocker du charbon, les marchands qui voulaient entreposer leurs marchandises en sécurité avant de les négocier, les aventuriers soucieux d'explorations ou de trafics, enfin les écrivains, poètes ou romanciers.

Mais c'est plus prosaïquement sur les traces du commando Trepel que nous prenons la route de Khor-Angar où nous parvenons en fin de journée. Ce poste de l'armée nationale djiboutienne est situé à hauteur du détroit de Bab-El-Mandeb, au débouché de la mer Rouge et de l'océan Indien. Au large, on aperçoit les Sept-Frères, dont la couleur brune tranche sur le vert de la mer. La légende veut que sept frères brigands qui écumaient jadis les côtes du Yémen aient été changés en rochers après une violente tempête et soient maintenant condamnés à être battus éternellement par les flots.

Le lendemain 15 février, nous prenons la route de Moulhoulé en multipliant les exercices de camouflage en prévision des reconnaissances aériennes de demain contre nous. Nous profitons des haltes pour faire le point de station à l'aide du théodolite par un procédé barbare d'orientation astronomique. Je préfère la simplicité des exercices de signalisation à l'aide des petits miroirs SOS dont nous sommes munis. Enfin, nous bivouaquons à Moulhoulé où Corto Maltese n'a pas encore tenu ses « conversations mondaines »…

Entre Andoli et Alaïli Dadda, nous sommes survolés par deux Mirage qui commencent par être ennemis lorsqu'ils passent au-dessus de notre bivouac camouflé, puis qui deviennent amis lorsque nous nous livrons à des exercices de guidage sur des objectifs que je désigne. Les chasseurs prennent de nombreuses photos qui nous permettront d'améliorer nos techniques de camouflage.

Sur la piste étroite et caillouteuse, nous nous tendons mutuellement des embuscades avec le commando de la Marine. C'est le moment que choisit le général Bellamy pour venir nous inspecter d'un coup d'hélicoptère, accompagné de son chef du 3e bureau. L'exercice en cours est plus classique que spécialisé. Le général ne fait aucun commentaire, en revanche son accompagnateur me fait part de sa stupéfaction, car il lui a bien semblé entendre des balles siffler. « *Vous avez parfaitement raison,* lui répondis-je, *nous n'avons pas de munitions à blanc !* »

Et c'était vrai, à quoi sert de manœuvrer dans le désert si c'est pour recréer les conditions d'un exercice à Mourmelon ?

Nos véhicules aussi ont soif

A Daddato, nous apercevons les ruines d'un vieux fort italien situé en Ethiopie toute proche. Il n'y a que des cailloux à perte de vue. C'est vraiment le désert des Tartares. Nous en profitons pour mettre les pieds en Ethiopie en franchissant l'oued à sec matérialisant la frontière. Aucun incident diplomatique n'est à craindre, il n'y a vraiment personne à l'horizon…

De Daddato à Assa Gayla, la piste devient tellement mauvaise que nous effectuons le trajet à pied, suivis par nos véhicules. Nos colonnes vertébrales n'y voient aucun inconvénient et les suspensions de nos véhicules non plus.

Entre Assa Gayla et Randa, nous avons choisi une zone de livraison par air afin d'être ravitaillés en carburant et en pièces de rechange, car jusqu'à présent, nous étions autonomes mais nos véhicules sont très gourmands dans un terrain aussi chaotique. La Jeep consomme 24 litres aux 100 kilomètres et nos Dodge, 62 litres aux 100 ! Avec l'officier TAP du territoire, le capitaine Drouler, qui nous avait accompagnés durant notre reconnaissance, nous avions organisé plusieurs largages d'eau et de carburant, mais le 4e bureau ne l'entendait pas de cette oreille et limita le potentiel accordé. Finalement, c'est en hélicoptère que nous parvinrent les précieuses jerricanes. Un an plus tard, cet officier et une

« Promenade » en zone désertique au cœur de Djibouti.

trentaine de parachutistes du 2e REP trouvèrent la mort le 3 février 1982 lorsque leur Nord 2501 percuta un pic dominant le lac Assal.

Le soir de la livraison, nous nous installâmes en bivouac et un autre commando Marine, infiltré par mer, vint nous attaquer. Les jumelles à intensification de lumière dont nous étions équipés nous permirent de déceler leur approche.

Dans la matinée du 19 février, nous découvrons avec stupeur la vallée verdoyante du petit village de Randa. Situé à 700 mètres d'altitude, il bénéficie d'un climat frais et d'une température agréable que nous apprécions particulièrement après la chaleur de four de l'arrière-pays. Le massif du Day est tout proche et des jardins fruitiers sont cultivés sur ses pentes. Un peu plus loin, l'oasis de Bankoualé nous accueille avec sa belle cascade et ses palmiers. Des orangers, des citronniers, des manguiers et des bananiers nous font douter de notre point de station.

Le soir, nous reconnaissons les plages d'embarquement afin de pouvoir être exfiltrés de nuit par notre EDIC à proximité de Tadjoura. Des chameaux attendent sur la grève que des boutres aient déchargé leur cargaison. Avant la construction du chemin de fer d'Addis Abbeba, les caravanes partaient d'ici pour remonter vers l'empire abyssin. C'est là qu'Arthur Rimbaud devait se livrer à la contrebande d'armes. La ville aux sept mosquées est d'une blancheur immaculée. Elle est célèbre pour la fabrication de ses poignards courbes que portent tous les nomades du pays.

Dans la nuit du 19 au 20 février, l'EDIC *beache* silencieusement sur la plage après s'être aligné sur nos lampes allumées. Nous embarquons par la rampe abaissée et regardons la côte s'éloigner peu à peu. Avant le lever du jour, nous débarquons au pied des falaises d'Arta et, tous feux éteints, nous gagnons le sommet du piton au milieu des cynocéphales grimaçants, furieux d'être dérangés par des intrus. Le raid est terminé, la remise en condition commence. Tout est nettoyé et réintégré. Nos carcasses apprécient la douche même si l'eau est brûlante. Le voisinage d'un escadron de légionnaires à Ouéah, au pied du rocher, nous garantit un approvisionnement régulier en bières bien fraîches.

Djibouti, carrefour des routes du sel et de la soie

Au soir du 21 février, nous abandonnons notre station climatique d'Arta pour gagner Djibouti. Laissant derrière nous les seigneurs nomades des grands espaces, les paysages lunaires et volcaniques, nous traversons Balbala et ses milliers de réfugiés qui vivent littéralement dans des cartons, puis l'oasis d'Ambouli et ses jardins, le poumon de la capitale. Nous nous garons près de l'ancienne place Ménélik, la seule ombragée du centre ville et c'est à pied que nous découvrons les arcades et les ruelles. A commencer par le cœur de la capitale, la place du marché avec le minaret de la grande mosquée, les échoppes et les bazars, les ânes et leurs charrettes, une provision de souvenirs colorés et de senteurs poivrées. Les taxis verts attendent avec leurs chauffeurs aux yeux brillants qui mâchent à longueur de journée les feuilles de khât. Cette drogue arrive tous les matins du Yémen. Qu'on la supprime et c'est la révolution garantie ! Nul ne s'y est jamais risqué, pas plus la puissance coloniale que le nouveau président. Le soir, un repas de corps réunit tout le détachement au mess des officiers, bonne occasion de remercier tous les cadres du territoire qui se sont décarcassés pour que notre entraînement se déroule dans les meilleures conditions.

Le 23 février, nous embarquons dans le DC 8 du retour à destination de Roissy et au Bourget, un Nord 2501 du GAM 56 nous attend pour nous conduire jusqu'à Biarritz. Le chauffage de l'appareil est en panne. Il gèle à pierre fendre et c'est transis de froid et grelottants que nous nous posons sur l'aérodrome de Parme. Dans la semaine qui suit, les trois quarts de l'effectif sont « au tas » avec un rhume carabiné…

Caravane de sel dans le désert de la corne de l'Afrique.

Missions et opérations

L'idéal qui, comme chacun le sait bien, n'est pas de ce monde, aurait été de ne partir en mission que lorsque la formation et l'entraînement dans les différents milieux auraient été accomplis. Il n'en a rien été et plusieurs missions et opérations se sont déclenchées avant que la formation ne soit achevée, de même que beaucoup d'entraînements *Piranha* et *Khamsin* ont eu lieu après des opérations menées dans l'un de ces milieux.

Durant les quelques trop courtes années de son emploi, le GO va servir de laboratoire aux futures actions des forces spéciales modernes, qu'il s'agisse de protéger des hautes personnalités comme au (long) cours des missions *Déclic* et *Pelibonka*, d'assister les forces armées d'un gouvernement ami comme dans les opérations *Mazurka 1* et *2*, d'évincer un dictateur comme dans l'opération *Caban*, de remplacer des mercenaires comme dans l'opération *Quadrille* ou bien d'attendre les ordres qui ne sont jamais venus, comme dans l'opération *Tacaud*.

Il fallait bien essuyer quelques plâtres mais l'évolution était en marche : amélioration de la formation et des entraînements spécifiques, rodage

Atterrissage d'un Transall en plein désert.

des procédures, choix d'équipements et d'armement particuliers, mise au point de l'alerte opérationnelle, enseignements tirés des exercices et des opérations à une époque maintenant lointaine où les RETEX[1] n'existaient pas et où les parachutistes n'avaient ni gilet pare-balles, ni casque de protection balistique, ni radio individuelle, ni GPS et où ils ne bénéficiaient pas des renseignements des drones ou des satellites, et encore moins de la considération qui est celle des FS d'aujourd'hui.

Mais peu à peu, la Force spéciale prenait forme. Entrons avec le GO dans le monde du renseignement et de l'action…

Présentation de l'armement et de l'équipement du GO à Bayonne.

1. RETEX : Retour d'expérience.

Missions Déclic

Protection du Président de la République de Côte d'Ivoire

1974-1993

Cette mission est la plus ancienne de toutes celles qui ont été confiées au GO du 1er RPIMa. Elle a commencé en juillet 1974 en République de Côte d'Ivoire. Elle remporte la palme de la longévité avec une durée de 18 années et la palme de la discrétion avec plus de 120 détachements qui se sont succédé, car elle a été reprise par le régiment après la dissolution du GO.

Un commando d'un peu plus d'une douzaine d'hommes armés opérait en civil, avec les cheveux un peu plus longs que la coupe réglementaire, et il était chargé, de jour comme de nuit, d'assurer la sauvegarde du président Félix Houphouët-Boigny.

Logé dans un bâtiment discret, appelé SCAF du nom de la construction « bois sous taule », situé dans le périmètre de la résidence de l'ambassade de France, le commando se tenait prêt, sur un simple signal convenu, à emprunter un tunnel tenu secret avec armes et équipements pour surgir auprès du président afin de l'escorter en lieu sûr. Le président

Le président de la Côte d'Ivoire Félix Houphouët-Boigny.

Houphouët-Boigny qui n'avait pas une confiance aveugle dans sa garde rapprochée ivoirienne, qu'il savait mal entraînée et insuffisamment équipée, avait accepté volontiers le parapluie sécuritaire de la France dans le cadre des accords de défense.

C'est ainsi qu'en cas de troubles intérieurs pouvant dégénérer en coup d'état, le président de la République de Côte d'Ivoire avait la possibilité de déclencher une alarme reliée à la chambre du chef de détachement afin de se faire recueillir à domicile grâce au fameux tunnel qui débouchait en territoire français. Le président appréciait à sa juste valeur la proximité de ce détachement et cette présence invisible lui convenait tout à fait. Le dispositif d'exfiltration du colis, tel était le terme employé à l'époque, prévoyait différents types d'exfiltration soit par voie fluviale à l'aide d'un puissant bateau à moteur, soit par voie aérienne à l'aide d'un hélicoptère léger de l'Armée de l'air, basé tout spécialement au 43e BIMa, dont l'équipage était en contact radio avec le chef de détachement ou par voie routière enfin, grâce à une voiture banalisée dont l'état de marche était constamment vérifié et soigneusement entretenu.

Le choix du mode d'exfiltration était laissé à la diligence du chef de détachement, au regard de la situation. Quoiqu'il advienne, la destination de Port-Bouët était la plus probable, car située à côté de l'aéroport. Lorsque le président était présent à Cocody, le détachement était consigné et en alerte à moins de cinq minutes. Lorsqu'il était absent, le détachement en profitait pour découvrir le pays et ses innombrables ressources.

Malgré les nombreux ambassadeurs et attachés qui se sont succédé et parfois leur manque de discrétion, la présence de ce détachement très particulier est restée, dans l'ensemble, méconnue, y compris au sein de la société civile abidjanaise.

Pour la petite histoire, la mission, mise en place en juillet 1974 sous

Vue de la DZ pour hélicoptère et du ponton pour le bateau destiné à exfiltrer le président ivoirien.

la présidence de M. Valéry Giscard d'Estaing (1974-1981), s'étoffera peu à peu, pour adopter un dispositif de croisière sous la présidence de M. François Mitterrand. Elle s'achèvera en 1993, à la mort du président Houphouët-Boigny, à la demande de son successeur, le président Henri Konan Bédié.

La *newsletter* du blog Eburnier datée du 2 août 2015 nous révèle la fin du fameux tunnel :

« Surnommée « le bunker » lors de la crise post-électorale de 2011, la résidence présidentielle de Cocody où Laurent Gbagbo et son épouse Simone ont été arrêtés par des Forces spéciales françaises le 11 avril 2011, reliée à la demeure de l'ambassadeur de France par un tunnel souterrain, a été laissée à l'abandon sous le règne d'Alassane Ouattara. […] *Il faut descendre au sous-sol pour trouver le fameux bunker, en fait une vaste salle de réunion, transformée lors du siège en salle de prière évangélique par Simone, le petit bureau de Laurent et sa bibliothèque, brûlée par les bombes françaises, qui contenait de nombreux livres latins et grecs, et la salle où il entreposait ses cadeaux de chefs*

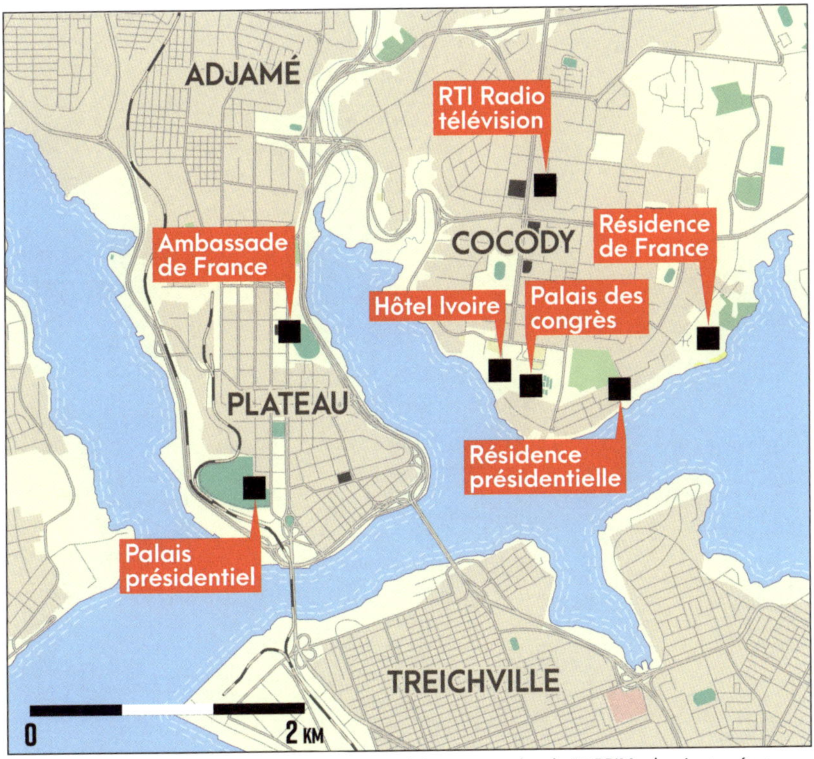

Plan d'Abidjan avec les endroits stratégiques où les commandos du 1er RPIMa devaient opérer.

d'état. Le 11 avril 2011, un missile français tombé près des fenêtres a fait exploser des voitures stationnées à l'extérieur, provoquant l'incendie des rideaux qui s'est propagé dans tout le sous-sol. Quelques minutes avant que les troupes envoyées par Nicolas Sarkozy n'entrent dans la résidence par le portail défoncé et aussi par un mystérieux tunnel reliant le bâtiment à la demeure de l'ambassadeur de France voisine. [...] *Bédié fit raser les deux maisons, ne conservant qu'un espace dénommé la* « chambre d'Houphouët » *et le fameux tunnel, bouché pendant les travaux, sans doute pour éviter les accidents. A l'époque, cette destruction fut considérée comme un sacrilège.* « Celui qui entrera dans cette nouvelle résidence, tombera », *prédirent les féticheurs baoulés, l'ethnie d'Houphouët. En décembre 1999, Bédié fut renversé par un coup d'état mené par le général Gueï et par quelques dizaines de militaires qu'on retrouve aujourd'hui autour de Ouattara. On raconte que, tentant de fuir par le tunnel vers la résidence française, il se cassa le nez sur le mur qui obstruait la sortie.* »

Il trouvera finalement refuge au sein du 43e BIMa, mais déjà à ce moment-là, le 1er RPIMa n'était plus en charge de la mission...

Il faut sauver Kolwezi !

Opération *Mazurka* et opération *Verveine*

Zaïre avril-mai 1977

Un Kolwezi peut en cacher un autre. On a célébré à juste titre celui du 2ᵉ REP et son saut spectaculaire sur la ville en mars 1978. On connaît peu, discrétion oblige, le Kolwezi du 1ᵉʳ RPIMa survenu un an auparavant, nom de code *Mazurka* (*Mazurka 1* car il y en aura un deuxième !). Il s'agit de sa première opération spéciale d'assistance opérationnelle à chaud. Pour son quarantième anniversaire, qu'il soit permis au général Michel Franceschi, le chef de corps qui eut l'honneur de la conduire, d'en faire aujourd'hui le récit pour servir à l'histoire du régiment, et en

hommage appuyé à la poignée des valeureux exécutants du GO sous ses ordres parmi lesquels le lieutenant Casimir, dont nous reproduisons le témoignage. Le Groupement est à peine constitué que se déclenche l'opération *Mazurka*, prolongée par l'opération *Verveine*. Un bref rappel historique que j'emprunte au remarquable historien qu'était le général Gras va nous aider à mieux comprendre la situation d'autant que le Zaïre, le Maroc et le GO vont faire si bon ménage que la plupart des protagonistes d'aujourd'hui vont se retrouver demain...

Les gendarmes katangais ou les révoltés du Baka

Lors de l'indépendance du Congo belge en 1960, la province du Katanga – l'actuel Shaba – a fait sécession et elle a formé avec l'appui de la Belgique une république indépendante sous la férule de Moïse Tschombé. Celui-ci a créé une petite armée de 8 000 hommes, encadrée par des Belges puis par des mercenaires français. Lorsque l'ONU met fin à la sécession en 1963, les gendarmes katangais, qui appartiennent tous à l'ethnie lunda, se réfugient en Angola, sans quitter pour autant le pays lunda qui s'étend de part et d'autre des frontières du Zaïre, avec l'Angola et la Zambie. L'année suivante, Moïse Tschombé, devenu Premier ministre du Congo, les rappelle et les intègre dans l'armée congolaise où ils forment le régiment Baka. Ils combattent alors sous les ordres du général Mobutu contre les Simbas, mais en 1966, ils se révoltent et le régiment Baka est désarmé. Son chef, le colonel Tschipola, ainsi que plusieurs officiers, sont convoqués à Kinshasa où Mobutu les fait exécuter.

Dès lors, les gendarmes katangais, de nouveau réfugiés en Angola, vouent à Mobutu une haine inexpiable. Les Portugais les utilisent alors pour lutter contre les nationalistes angolais. Ils forment une milice de 5 000 hommes sous les ordres de Nathanaël Mbumba, un ancien commissaire de police de Kolwezi. A l'indépendance de l'Angola, ils sont enrôlés par le Mouvement populaire de libération de l'Angola (MPLA) que les Cubains portent au pouvoir en 1975.

Ce sont ces mêmes gendarmes katangais que les Soviétiques lancent au Shaba le 8 mars 1977. Ce jour-là, une force rebelle de 1 500 hommes venus d'Angola envahit la riche région minière du Shaba, dans le sud du Zaïre. Il s'agissait des éléments du Front national de libération du Congo (FNLC) qui avaient le soutien du gouvernement angolais et de son allié cubain. Mal préparées, les troupes zaïroises, dont la brigade d'élite « *Kamanyola* », se font bousculer. Mobutu sent alors qu'il est incapable d'arrêter ce mouvement et fait appel à l'aide internationale.

Au printemps 1977, le 1er RPIMa dont le colonel Franceschi a pris le commandement le 1er septembre 1976, n'a pas encore achevé sa transformation en force spéciale. Le 29 mars à 20 heures, le colonel reçoit un coup de téléphone de l'état-major des Armées : *« Présentez-vous demain matin à 7 heures 30 au général Méry, chef d'état-major des Armées. »* Faut-il que l'affaire soit urgente pour que la plus haute autorité militaire le convoque dès potron-minet !

A l'Elysée

Le colonel a tout juste le temps de sauter dans le dernier train pour Paris. Voici le récit des évènements qu'il en a fait quelques années plus tard : *« Le général Mery me reçoit cordialement à l'heure dite et m'invite aussitôt à l'accompagner dans sa voiture à l'Élysée, où nous attend le général Vanbremeerch, chef d'état-major particulier du Président de la République Giscard d'Estaing. Mery me dévoile en route la raison de ma convocation, l'alarmante situation du Zaïre, envahi par ceux que l'on appelle les gendarmes katangais. Je résume de mémoire le topo de Vanbremeerch allant droit au but :* « L'armée zaïroise est en pleine déroute. Kolwezi, poumon économique du Zaïre, est menacé. Sa chute provoquerait la déstabilisation du pays, fragile pièce maîtresse de la politique africaine de la France. Le président de la République a reçu un appel au secours de son homologue Mobutu. La conjoncture

Le colonel Michel Franceschi, patron du 1er RPIMa.

internationale ne nous permet pas une intervention militaire conventionnelle. Les informations de nos représentants sur place nous décrivent une situation chaotique. Pour y voir clair, vous allez vous rendre au plus vite à Kolwezi, y procéder à une évaluation de la situation et proposer une éventuelle opération spéciale de votre régiment. il faut sauver Kolwezi ! Vous agirez discrètement en civil. Une fois parti, vous ne disposerez que de 24 heures pour donner votre réponse. Avant de vous envoler, profitez de votre présence à Paris pour vous documenter. Avez-vous des précisions à me demander ? »

Que voilà une bien lourde responsabilité pour un simple chef de corps ! Je sollicite seulement l'autorisation d'opérer en uniforme pour ne pas avoir à subir éventuellement le sort des mercenaires capturés. Il me l'accorde non sans hésitation. Nous verrons plus loin le bénéfice inespéré de cette concession. »

Après une journée d'information passée à Paris où il apparaît que le SDECE se montre plutôt pessimiste et peu enclin à s'immiscer dans cette situation « pourrie », le général rejoint Bayonne dans la soirée pour préparer son départ. Le chef de bataillon Olivier Leblanc, commandant le GO, va le seconder dans les préparatifs de cette mission d'évaluation. Le premier problème est celui du transport, car aucune compagnie aérienne n'offre d'horaire compatible. Aux grands maux les grands remèdes, et c'est un avion ravitailleur KC 135 des Forces aériennes stratégiques de la base de Mont-de-Marsan qui va se charger de leur acheminement le 31 mars au soir. Après une nuit abominable dans le bruit assourdissant des réacteurs de cette citerne volante qui n'est pas insonorisée, ils sont accueillis à l'aéroport de Kinshasa-N'Djilli par le colonel Gras, chef de la mission militaire, et le colonel Bommier, attaché de Défense, au petit matin du 1er avril, mais nulle plaisanterie ne vient détendre l'atmosphère plutôt tendue. Ils filent aussitôt à l'ambassade de France pour une première réunion de travail avec l'ambassadeur Ross.

Attendus comme le Messie

« *Mes interlocuteurs se montrent ardemment interventionnistes. Il en est de même ensuite à l'Etat-major zaïrois où l'on m'attend pour une autre réunion. Connaissant l'objet de ma mission, Français et Zaïrois sont suspendus à mes lèvres comme à un oracle. Je les déçois un peu en subordonnant mon jugement à ma visite prévue sur le terrain. Dans la foulée, nous rejoignons N'Djilli pour embarquer avec Gras à bord d'un Hercule zaïrois, à destination de Kolwezi, distant de 1 300 kilomètres.*

Mais notre départ est reporté au lendemain au motif de l'encombrement de la piste d'atterrissage, signe d'un grand désordre sur place. Nous n'atteignons Kolwezi qu'en début d'après-midi du 2 avril, ayant perdu un temps très précieux. Dès notre atterrissage, nous sommes saisis par l'atmosphère de désarroi et de peur qui règne dans la ville. »

Le général Singa, commandant militaire de Kolwezi, les attend à son PC. Impuissant à arrêter la débandade générale de ses troupes, il est cependant resté stoïquement à son poste avec son état-major et un très petit nombre d'unités disciplinées. Il leur décrit sa situation critique mais il ne peut répondre à leurs questions précises sur l'ennemi. Il accepte d'accompagner le colonel dans sa Jeep pour une reconnaissance aux lisières de la ville. Ils y rencontrent des hordes de soldats en fuite, abandonnés à eux-mêmes, pillant pour se nourrir et qui donnent des réponses incohérentes aux questions de leur chef. Mais le général Singa renonce vite à cette investigation car chacun sent qu'il devient dangereux d'insister auprès de ceux qui ont conservé leur arme. Information cruciale toutefois, aucun des fuyards n'a jamais aperçu l'ennemi, dont le contact a été perdu au loin dès les premiers accrochages.

« J'ai la conviction que la déroute de l'armée zaïroise n'est due qu'à la panique suscitée par la réputation de férocité des agresseurs. En fonction de la date et du lieu des premiers accrochages, l'ennemi, peu motorisé, doit probablement se trouver bien plus loin de Kolwezi qu'on ne le pense. Le sauvetage de la cité ne pouvant reposer que sur ses propres défenseurs, la question est toute de savoir si on peut les reprendre en main à temps par une assistance opérationnelle immédiate. Mon petit doigt me dit que cette course de vitesse vitale est gagnable, le jeu en valant la chandelle. De toute façon, il n'y a pas d'autre choix pour « sauver Kolwezi ». Je propose ainsi à l'EMA en attente impatiente de mon rapport, l'engagement de toute urgence d'un Détachement d'assistance opérationnelle du 1er RPIMa préparé par Leblanc. L'ambassadeur, Ross, diplomate de choc, s'empresse de l'appuyer de tout son poids auprès des Affaires Etrangères. Nos rapports respectifs ayant convergé simultanément à l'Elysée, le plein accord de Paris me parvient une heure plus tard. »

Feu vert !

Ordre est immédiatement donné au détachement du GO de décoller de Biarritz à bord d'un Transall spécial. L'effectif est de six officiers, onze sous-officiers, un caporal-chef et deux véhicules radio. Il transite à Kinshasa le lendemain 3 avril et repart pour Kolwezi le 4 avril à l'aube.

Le commandant du GO et les capitaines Davy, Alban, Hermann, Maxime et Julien se mettent au travail dès l'arrivée.

Entre temps le président Mobutu a fait porter par un aide de camp au colonel Franceschi une délégation de « *pleins pouvoirs civils et militaires dans la zone des opérations de Kolwezi* ». Cette délégation sans précédent va lui apporter une aide appréciable. Lorsqu'il remet ce sésame dictatorial à Singa, ce dernier, discipliné, l'invite à prendre place à son bureau. En officier colonial formé à l'école des Gallieni et Lyautey, le colonel Franceschi lui propose alors de jouer le coup main dans la main, cadres français et zaïrois travaillant en binômes.

« *Cette marque de confiance illumine son visage et va se révéler un très fructueux investissement psychologique. Au nombre de vingt au total, nous nous installons sommairement dans une vaste villa réquisitionnée, propice à sa défense. Mais nous n'avons pas le temps de fantasmer sur un remake de la légendaire Maison des dernières cartouches. L'immensité et l'urgence de la tâche qui nous attend ne laisse aucune place aux états d'âme. Nous nous attelons aussitôt à la réorganisation de la défense de Kolwezi. Nous sanctuarisons d'abord le terrain d'aviation, cordon ombilical vital et voie d'exfiltration indispensable en cas de catastrophe. L'apparition de nos Bérets rouges donne un coup de fouet magique au moral des Zaïrois. Des unités sont reconstituées vaille que vaille et replacées en défense de la cité. Parallèlement, nous lançons la formation à N'Djilli d'une compagnie parachutiste, embryon de la future 31*^{e} *brigade parachutiste zaïroise. Il nous faut aussi harmoniser notre action avec celle du SDECE qui a pris le train en marche.* »

En vertu de ses pouvoirs discrétionnaires, le colonel réquisitionne auprès de la puissante compagnie minière Gécamines tout ce dont le détachement a besoin. Il obtient même de son directeur belge la convocation d'une délégation d'hommes parmi ses quelques 2 000 employés européens, en vue de l'organisation d'une autodéfense de leurs familles. Devant le refus plein d'arrogance de la délégation, le colonel leur réplique qu'il souhaite vivement qu'ils n'aient pas à le regretter par la suite. Ce qui sera, hélas, le cas l'année suivante.

« *Je décrète la fermeture du terrain d'aviation aux journalistes pour avoir la tranquillité médiatique. Mais l'inéluctable ébruitement de l'opération au bout de quelques jours va provoquer au sommet de l'Etat un pitoyable cafouillage de communication dont j'ai failli être le bouc émissaire, mais passons !*

L'assaut de la ville ne se produisant toujours pas à notre grand soulagement, le temps travaille pour nous. La défense de Kolwezi se renforce ainsi d'heure en heure. Ma hiérarchisation des besoins logistiques déconcerte le haut état-major zaïrois de Kinshasa. Mon exigence en priorité de 15 tonnes de riz lui fait peut-être se demander si le grand chef français ne se prenait pas pour un sorcier doté du pouvoir d'arrêter l'ennemi à coups de poignées de riz !

Il fallait se trouver sur le terrain pour se rendre compte que la priorité des priorités était la nourriture des soldats affamés auxquels on ordonnait de reprendre le combat. »

Au tour de l'opération *Verveine*

La crainte de la chute de Kolwezi s'éloignant d'heure en heure, l'intense activité diplomatique aboutit le 6 avril à la décision d'intervention militaire du Maroc. Un pont aérien français, opération *Verveine*, transporte à Kolwezi deux bataillons de parachutistes marocains, soit 1 100 hommes à bord de dix Transall et d'un DC 8. Le GO accueille le premier bataillon le 9 avril et le second le surlendemain.

« *Nous poussons un grand soupir de soulagement. Kolwezi est sauvé ! Ma mission régalienne désormais accomplie, je rentre à Bayonne dès le lendemain 12 avril reprendre le cours interrompu de mon commandement. Dans l'avion du retour, je ne peux évidemment me douter que ma future affectation est déjà scellée par décision supérieure pour trois ans à la tête de la mission militaire au Zaïre, considérablement renforcée.* »

Le colonel major Loubaris et le général Mobutu à Kolwezi en 1977.

La reconquête commence réellement le 13 avril et le colonel laisse sur place le détachement aux ordres du commandant du GO pour embrayer avec succès jusqu'au 21 mai sur la difficile assistance technique à l'opération conjointe Maroc-Zaïre de mise hors d'état de nuire des gendarmes katangais.

Le lieutenant Casimir témoigne : *« Le terrain d'aviation, « la plaine » dans le jargon belge, était un vrai capharnaüm, plus de 800 soldats désœuvrés de la Kamanyola vaquaient à leurs occupations. J'ai été chargé par Olivier d'y mettre bon ordre. Facile ! En période de tension nos amis africains sont très réceptifs, ce qui peut changer rapidement quand le calme revient.*

Mission première, réarmer la brigade qui possédait des kalachnikovs mais sans munition, dans ces conditions il leur était difficile de faire la guerre. L'échange d'une « kalach » pour une carabine M16 s'effectue dans le calme, sauf qu'ils conservaient les chargeurs de kalach au lieu des chargeurs de M16. Avec les officiers des FAZ nous reconstituons hâtivement des unités de bric et de broc qui embarquent dans la foulée dans les wagons qui stationnent sur la voie ferrée proche de l'aérodrome. Mais les wagons de marchandise ont des portes des deux côtés et certains soldats en profitent pour prendre la poudre d'escampette…

Le terrain d'aviation était la base logistique de l'opération et il a fallu organiser le stockage des vivres et leur gardiennage ce qui n'était pas facile en raison de la présence d'un certain nombre de rapaces. Mais l'officier zaïrois chargé des approvisionnements me faisait entièrement confiance, il ne voulait d'ailleurs pas garder la clé du hangar et me la remettait tous les soirs. Pour le stockage des munitions, l'adjudant Alex a fait creuser au bulldozer deux abris couverts que nous avons retrouvés en 1978 toujours garnis de leurs munitions. Il fallait également organiser et répartir l'approvisionnement en carburant des avions avec des pompes Japy et des échelles en l'absence de passerelles, le roulage des fûts de carburant avion et les manutentions diverses effectuées par une quarantaine d'anciens gendarmes katangais, d'après les dires des soldats zaïrois. Tout ceci sous les yeux de plus de 40 journalistes du monde entier. En définitive mon rôle principal était de conforter les officiers zaïrois dans leur mission et de faire la liaison entre la base logistique et la Gécamines, notre base de soutien. C'est ainsi que j'ai pu assister à l'arrivée en avion de 120 Pygmées armés d'arcs et de flèches venus renforcer les rangs de la défense à l'appel du guide suprême, un soir au coucher du soleil, en l'absence des journalistes, grâce aux bons soins de l'officier politique zaïrois. A l'arrivée du contingent marocain avec à sa tête le colonel major Loubaris, leur premier souci était celui de l'alimentation et j'ai donc fait fabriquer par la Gécamines un couscoussier, ce qui n'a posé aucun problème. Pendant ce temps, notre support invisible se livrait à des reconnaissances aériennes en avion de tourisme au-dessus de l'Angola. Pour ma part, j'ai apprécié la liberté d'action qui était la nôtre et que j'allais retrouver un an plus tard au même endroit ! »

Car, frileusement conçue par ses hauts responsables comme un simple refoulement en Angola des envahisseurs, cette première guerre du Shaba, dite guerre des 80 jours, va en réalité ménager leur retour fracassant l'année suivante. On s'est perdu en conjectures sur l'étrange apathie des gendarmes katangais devant Kolwezi, qu'une chiquenaude aurait fait tomber.

« *On en trouve une explication,* reprend le général Franceschi, *et probablement pas la seule, dans un rapport saisi sur l'ennemi. L'apparition de quelques parachutistes français a été interprétée comme l'avant-garde de la 11ᵉ Division P arachutiste, un trop gros morceau à avaler. Ainsi donc, nos seuls Bérets rouges ont non seulement regonflé le moral des Zaïrois, mais aussi dissuadé l'ennemi de poursuivre son agression. A quoi peut tenir l'Histoire !* »

Visite surprise

Le calme étant revenu et les rebelles repoussés à hauteur de Mutshatsha avec le renfort du détachement marocain et celui des pisteurs pygmées, une surprise de taille attend notre détachement du GO. Redonnons la parole au lieutenant Casimir :

« *Nous avons la surprise de recevoir la visite d'un hôte de marque. C'est ainsi que le 23 avril 1977 en fin de matinée, nous voyons apparaître dans le ciel un Hercules C 130 qui n'était pas annoncé. Il faut préciser que durant toute l'intervention militaire, nous n'avons pas vu l'ombre d'un contrôleur aérien dans la tour de contrôle de l'aérodrome de Kolwezi. La circulation aérienne se faisait à la seule initiative des pilotes commandants de bord, d'où parfois de légères erreurs d'appréciation qui, par bonheur, n'ont pas prêté à conséquence.*

Voilà enfin l'avion immobilisé sur le tarmac, la tranche arrière s'ouvre et nous voyons sortir un géant, mesurant apparemment plus de deux mètres au garrot et pesant au moins 140 kilos, Idi Amin Dada en personne, entouré d'un essaim d'Amazones en tenue traditionnelle.

Tout le groupe embarque immédiatement dans différents véhicules

Les deux maréchaux présidents Mobutu et Idi Amin Dada.

pour prendre la direction de la résidence du président Mobutu – le guide en possédait une dans chaque ville importante du Zaïre – où une grande réception est donnée en son honneur en présence de l'état-major et des autorités locales.

Venu offrir son soutien au président Mobutu, le maréchal Idi Amin Dada n'est pas arrivé les mains vides : plus d'une tonne de cadeaux sont en attente de déchargement. En moi-même je pensais trouver des denrées alimentaires ou des munitions, mais à ma grande surprise, il y avait surtout des cartouches... de cigarettes et des spiritueux !

Alors que faire ? Les entreposer dans le hangar avec les autres denrées ou bien dans un entrepôt spécial sous bonne garde ? J'ai laissé le choix à l'officier d'ordinaire zaïrois, charge à lui d'en assurer la distribution.

En fin d'après-midi, le retour de nos visiteurs s'est effectué avec beaucoup moins de superbe et notre géant ougandais avait de grandes difficultés à marcher droit. Faisant fi de tout protocole, nous avons aidé tout ce beau monde à embarquer et ils ont décollé immédiatement en direction d'autres cieux.

Le lendemain en allant visiter l'entrepôt je n'ai pas retrouvé trace des cadeaux du maréchal président ougandais. Tout avait disparu... »

Plus sérieusement, quel jugement d'ensemble porte le général sur l'opération *Mazurka* ?

« *L'originalité conceptuelle de l'opération réside dans le court-circuit entre l'opération tactique et ses effets directs sur la géostratégie.* Mazurka *consacre l'assistance opérationnelle aux pays amis comme le nouveau pas de danse imposé du grand bal stratégique post-colonial. La mise militaire très modique de ce mode d'action peut rapporter de gros bénéfices géopolitiques. La rapidité d'intervention conditionne le succès.*

Insigne de la 31e brigade parachutiste zaïroise.

L'application immédiate d'un extincteur de poche sur une flammèche évite l'intervention de toute une caserne de pompiers. Quant à l'exécution, il n'y a pas de secret : Mazurka *illustre tout simplement la fidélité à la fière devise des légendaires SAS dont le 1er RPIMa a reçu l'héritage sacré :* « Qui ose gagne ! ».

A la suite de ces évènements, la France renforce sa mission militaire et met sur pied, avec le GO et l'assistance militaire technique (AMT), une brigade de parachutistes zaïrois afin de donner au Zaïre les moyens de régler ses problèmes de défense sans faire appel à des troupes étrangères. Ce ne sera malheureusement pas le cas et l'an prochain les Katangais ne s'arrêteront pas à 60 kilomètres de Kolwezi.

Mis en place à Kolwezi, les membres du GO ont participé en tenue au soutien logistique des Marocains, en liaison avec le support clandestin du Service Action, ce qui a permis le rodage des procédures. Lors de

Pastiche de la couverture de l'hebdomadaire.
Le président Valéry Giscard d'Estaing va prendre goût aux opérations extérieures...

cette opération, le GO acquiert en particulier une solide connaissance de la ville minière de Kolwezi et de ses différentes cités, ce qui lui sera bientôt très utile…

Opération Tacaud

Tchad 1978

En février 1978, les rebelles du Front de libération nationale du Tchad (FROLINAT) s'emparent de Faya-Largeau et se dirigent vers N'Djamena. Conformément aux accords de défense signés en 1976, la France décide de soutenir les forces armées nationales tchadiennes (FANT).

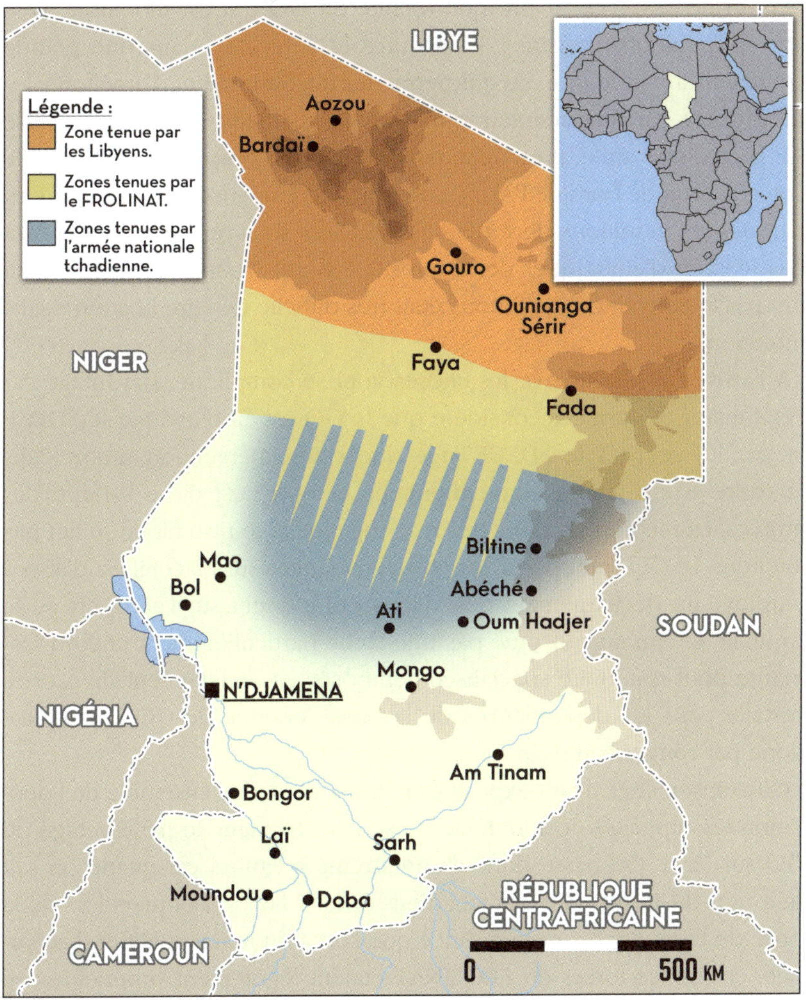

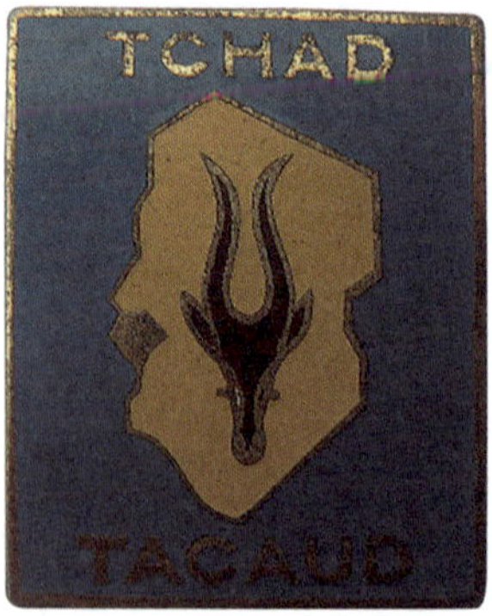

L'insigne de l'opération *Tacaud*.

En 48 heures, c'est la presque totalité du GO qui est mobilisée avec armes, munitions, bagages, parachutes et véhicules, dans une grande confusion il faut le dire, ce qui permettra ultérieurement d'améliorer les procédures par une adaptation-maison du mémento Guépard de mise sur pied d'une unité. Il est acheminé par DC 8 à Ndjamena après que le commandant de bord de l'Armée de l'air ait commencé par refuser d'embarquer les munitions de roquettes antichars sous prétexte qu'il n'avait pas le droit d'embarquer des explosifs à bord. Nous avons cependant fini par le convaincre qu'il nous était très difficile de faire la guerre sans munition.

A l'arrivée à N'Djamena, les choses vont se compliquer davantage car l'état-major des armées considère que le GO est employé par le SDECE et par lui seul, et le SDECE juge que cette intervention rentre dans le cadre d'une guerre conventionnelle et que c'est donc l'affaire des armées. La mission est donc très mal engagée et le résultat ne se fait pas attendre. Le GO étant parmi les premières unités sur place, il est d'abord employé au déchargement des avions qui affluent sur l'aéroport de la capitale, ce qui ne constitue pas une tâche particulièrement enthousiasmante pour une unité spécialisée composée essentiellement de cadres. Installé dans les dépendances de la base aérienne, le GO commence donc par ronger son frein.

Olivier, son chef, ayant exposé au commandant de l'ensemble de l'opération les capacités de son unité, il est alors envisagé le parachutage du GO sur Faya. On passe donc d'un extrême à l'autre, car quand on sait que près de 1 200 militaires tchadiens ont été faits prisonniers lors de la prise de Faya, après une résistance que l'on a du mal à qualifier d'acharnée, et que les forces du FROLINAT étaient légèrement supérieures au

Aménagement de positions de combat autour
de l'aérodrome d'Abéché au Tchad.

nombre de leurs adversaires, on se rend compte du manque de réalisme d'une telle proposition. Le parachutage est donc annulé en raison de la disparité des forces en présence, le GO ne représentant que moins d'une centaine de combattants.

Une nouvelle mission ne tarde pas : le groupement est aérotransporté à Abéché et reçoit l'ordre de protéger l'aérodrome. Il se transforme cette fois en sapeurs pour renforcer les positions autour de la piste et il attend calmement l'assaut des rebelles… avant d'être redirigé sur N'Djaména.

C'est à l'adjudant Gabin, l'un des transmetteurs du GO, qu'est confiée la dernière mission de cette campagne. Il nous la décrit : « *Il s'agit de mettre en place une radiobalise qui servira de point de repère radio pour la navigation en cas d'appui aérien. L'emplacement qu'on me fixe est en plein désert, non loin de Koro Toro, au sud de Faya. J'embarque donc à N'Djamena avec tout le matériel nécessaire à bord d'un hélicoptère et quelques heures plus tard nous nous posons en plein désert. Un membre de l'équipage me dit simplement :* « On revient te chercher un peu plus tard ! »

Rien à l'horizon et me voilà tout seul au milieu du désert avec une antenne radiobalise à monter, sans mode d'emploi. Le mât d'une hauteur de plusieurs mètres me pose d'ailleurs quelques problèmes. Mais dans les Forces spéciales, on s'adapte et, au bout de deux heures, la balise fonctionne : la fréquence est désignée, le code de reconnaissance est intégré, tout est OK.

Le poste de Koro Toro.

Une longue attente commence, je guette le bruit d'un hélicoptère et j'ai surtout peur d'entendre celui d'une colonne de Toyotas, ces véhicules très prisés par les rebelles du FROLINAT. J'avais bien un M 16 avec une dizaine de chargeurs, un pistolet automatique, de l'eau mais je me sentais quand même bien seul et la peur commençait à m'envahir. Les heures passaient, on m'avait peut-être oublié dans ce coin perdu alors que j'étais très repérable par l'ennemi avec cette antenne perchée au sommet d'un mât de plusieurs mètres ! Il ne manquait plus qu'un panneau air-sol orange pour indiquer : « Il y a un parachutiste français ici ! »

L'hélico a fini par surgir après une bien longue attente. Il m'a déposé sur la piste de l'aéroport où j'ai embarqué immédiatement avec armes et bagages dans un Transall. Surprise : tout le détachement était à bord et n'attendait plus que moi. Un chef s'était souvenu qu'il manquait quelqu'un à l'appel ! Notre mission était terminée et nous repartions pour Bayonne via *Biarritz.* »

Un mois après son départ, le GO est donc de retour après être resté pratiquement l'arme au pied dans la capitale du Tchad à part le bref intermède d'Abéché. Il n'a pas été employé et l'inaction lui a pesé. *A priori*, c'est déjà un bon outil mais les chefs sur place en ignorent l'emploi, quand ils en connaissent l'existence. Le cloisonnement entre le SDECE et les armées a fait que, sur place, personne ne savait sur quel pied danser.

En définitive, il faudra attendre avril pour engager les forces françaises à Salal, Ati et Abéché, forces composées de marsouins et de légionnaires. Dans l'intervalle plusieurs milliers de civils tchadiens sont morts dans les combats. La Force spéciale suit pour l'instant un chemin parallèle aux unités d'intervention.

Pendant ce temps, à 7 000 kilomètres de là…

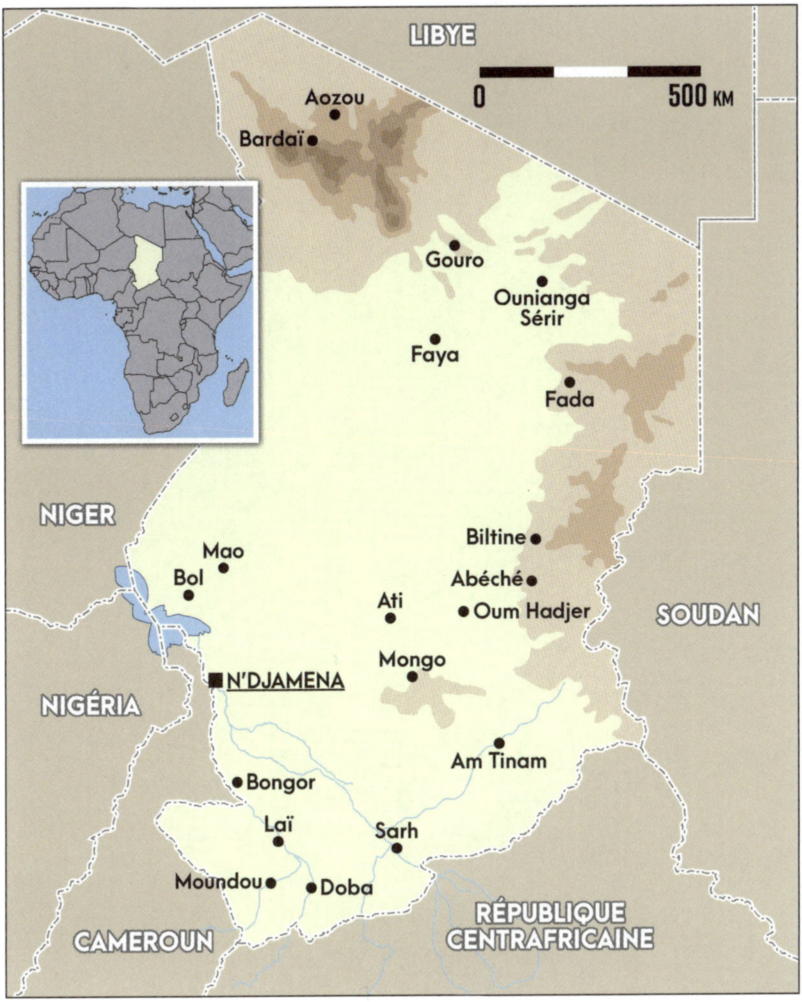

Carte du Tchad.

Léopard, Tigre, Bonite...et Mazurka bis

Kolwezi mai-juin-juillet 1978

Une ville fantôme, objectif d'une opération *Léopard* déclenchée contre des tigres, une petite équipe d'irréductibles marginaux (opération *Mazurka bis*) dans un dispositif bétonné par l'élite de la Légion étrangère (opération *Bonite*) et pourri par les plus beaux spécimens zaïrois de soudards et de pillards, une entrevue psychédélique avec un chef d'État fortuné au milieu de mille tombes fraîchement creusées...

Avec le colonel Erulin et les capitaines Gausserès et « Gaston » à Kolwezi.

A peine de retour du Tchad, le GO est mis en alerte. Le 13 mai 1978, les « Katangais » sont de retour et se sont emparés de Kolwezi. Ils s'en prennent aux Européens. Le 19 mai, le 2e REP saute sur la ville. Le 21 mai un détachement du GO et un autre du Service sont mis en place par un avion du GAM. L'équipe du Service se pose à Lubumbashi et le détachement du GO est réparti entre Kinshasa, Kamina et Kolwezi.

Le 1er RPIMa aurait pu et dû renforcer le 2e REP avec ses cadres qui étaient à Kolwezi l'année précédente. Mais l'Etat-major des armées a fait la sourde oreille.

Le PC de *Mazurka 2* est installé à Kinshasa, où quelques radios du GO renforcent les radios de la Centrale. Voici le témoignage de l'un d'entre eux : « *Caporal-chef transmetteur au GO du 1er RPIMa, et seulement deux jours après mon retour de l'opération* Tacaud *du Tchad, me voilà projeté le 18 mai 1978 avec le détachement de l'opération* Mazurka. *Ce détachement, commandé par le chef de bataillon Manificat, était composé de 14 personnels, officiers, sous-officiers et j'étais le seul parachutiste du rang à bord du Transall du GAM 56.*

SAMEDI 20, DIMANCHE 21 MAI 1978

LE FIGARO

« SANS LA LIBERTÉ DE BLÂMER, IL N'EST PAS D'ÉLOGE FLATTEUR » BEAUMARCHAIS

sommaire

Les paras français à l'assaut de Kolwezi pour arrêter le massacre des Européens

Des rescapés témoignent : les Cubains pilotaient des blindés dans la ville

Il le fallait

Italie : la police sur la piste des assassins d'Aldo Moro

La presse fait écho à cette époque de l'opération *Léopard*.

L'entrée de Kolwezi après l'attaque des Katangais.

A l'arrivée à Kinshasa nous avons été logés à l'hôtel de l'OUA pour quelques jours. Puis, en tant que transmetteur, j'ai été extrait du détachement pour être affecté à l'ambassade de France en renfort de l'antenne du SDECE. Ayant l'habitude des postes de transmissions règlementaires ou du poste en dotation au GO de type 13e *RDP, j'ai été instruit par les personnels du SDECE sur leur poste radio, un puissant*

Drake, c'était comme si on passait de la 2 CV à la Ferrari. J'ai appris très vite le fonctionnement du poste, qui est certes fragile mais très simple d'emploi. Ma mission a été de transmettre et de recevoir les messages entre le terrain (Kolwezi, Kamina, Lubumbashi) et Paris. Je me souviens que j'ai eu parfois du mal à recevoir les signaux du terrain tellement ils étaient faibles. Il m'est arrivé de me retrouver dans une villa discrète pour entraîner en transmissions un groupe d'une vingtaine de personnes dont quelques femmes. J'ai compris bien plus tard qu'il s'agissait de membres de l'UNITA (Union nationale pour l'indépendance totale de l'Angola). Ils arrivaient par groupe de deux à trois personnes, pour ne pas attirer l'attention du voisinage. Quelques-uns seulement parlaient sommairement le français. Ils étaient particulièrement attentifs à l'instruction. Le cours durait en moyenne une demi-journée, centré sur la lecture au son, la procédure de transmissions, et l'utilisation du poste. Puis ils repartaient comme ils étaient venus, par petits groupes et dans des directions différentes. J'étais toujours exfiltré en dernier par les agents du SDECE vers l'ambassade. Cette « manip » a été répétée plusieurs fois.

J'ai aussi été utilisé comme plastron pour des exercices de filature des agents de sécurité du CND, l'équivalent zaïrois du SDECE. Cela avait le mérite de me faire un peu sortir de l'ambassade pour découvrir les rues de Kinshasa. Je trouvais amusant de voir les stagiaires qui me prenaient maladroitement en filature, leur changement de tenue pour se fondre dans la foule sans attirer mon attention. Le débriefing se passait à leur siège très sécurisé, en présence des stagiaires et des instructeurs du détachement Mazurka. *Je suis rentré en métropole le 7 juillet de la même année.*

Mon impression est forcément très limitée. A l'époque je n'avais que trois ans d'armée et j'arrivais directement du Cambodge en tant que rapatrié, à la suite de l'invasion des Khmers Rouges. Parlant très peu le français, c'était ma troisième opération extérieure après la Côte d'Ivoire et le Tchad. A l'époque je ne comprenais pas grand-chose à la politique extérieure de la France, je me contentais d'exécuter la mission qu'on me donnait et ma tâche de transmetteur était d'autant plus facile ; il n'y avait qu'à transmettre et à recevoir.

Au Groupement opérationnel régnait le culte du secret et nous ne pouvions divulguer la mission, ni faire des photos, ni conserver des documents. Les années ont passé et je peux aujourd'hui témoigner de cette belle mission par ce récit. J'ai gardé un très bon souvenir de cette opération. Elle a renforcé mon apprentissage et ma culture. »

Les missions initiales du détachement de Kolwezi sont les suivantes :

- Déterminer le sort des six coopérants dont on est sans nouvelles.
- Prendre contact avec les représentants de l'Union nationale pour l'indépendance totale de l'Angola (UNITA) pour coordonner la lutte contre les rebelles en fuite.
- Assurer la liaison avec le Centre national de la documentation (CND, le SDECE zaïrois).

Ultérieurement, d'autres missions viendront s'y ajouter comme :

- Le soutien de la Force Interafricaine (FIA comprenant Maroc, Sénégal, Togo) lors de sa mise en place,

Plus un certain nombre de missions que le détachement s'est donné lui-même :

- Le soutien du 311e bataillon parachutiste zaïrois,
- L'aide à la population et à l'administration (VF, électricité, eau etc.),
- La relance du gigantesque complexe minier de la Gécamines.

Car dans les Forces spéciales, il ne faut pas toujours attendre les ordres…

Des membres du GO aux environs de Kolwezi.

Opération *Bonite*

Le Transall plonge vers l'aérodrome pour éviter d'éventuels tirs et prend brutalement contact avec le sol. Il roule rapidement sur la piste en évitant les carcasses d'avions et d'hélicoptères qui jonchent le sol, et vient s'immobiliser devant la tour de contrôle criblée de balles. Le temps de débarquer notre petit groupe en tenue camouflée et notre unique Jeep avec remorque, puis d'embarquer quelques blessés, et indicatif ZX remet les gaz afin de s'envoler pour Kinshasa à 2 000 kilomètres de là.

Nous sommes le 22 mai 1978, il y a déjà trois jours que la première vague du 2e REP a sauté sur Kolwezi. Si les capacités du régiment étaient connues de l'état-major des armées, nous aurions sauté avec eux. Car la demi-douzaine de cadres du 1er RPIMa, qui passent devant les légionnaires et se dirigent vers les Zaïrois du 311e bataillon parachutiste, connaissent bien la ville minière et ses différentes cités, pour la bonne raison qu'ils y étaient l'année dernière lors de l'opération *Verveine*. Le bon sens aurait donc voulu qu'ils sautent depuis le premier avion de l'opération *Léopard* pour servir de guides aux légionnaires. Mais ce qui est logique dans bien des armées du monde ne l'est pas forcément dans l'armée française, pétrie de traditions, de rivalités et de préjugés. La Légion s'est déjà fait tirer l'oreille pour accepter deux équipes du 13e Régiment de Dragons Parachutistes dans ses avions, mais des Forces spéciales du SDECE !

En attendant, les légionnaires regardent avec curiosité ces coloniaux qui fraternisent avec les parachutistes zaïrois, tout particulièrement le commandant Mahele, leur chef, qui tombe dans les bras du lieutenant Casimir. Mais je dois regrouper notre équipe au PC du REP où nous avons déjà un allié dans la place en la personne du capitaine Gaston, affecté au 1er RPIMa en même temps que moi et venant directement de Calvi. Il mettra beaucoup d'huile dans les rouages, facilitant ainsi notre insertion dans le dispositif « bétonné » de la Légion. A commencer par notre arrivée à l'Impala, PC du 2e REP.

Un paradis perdu

Quittant l'aéroport à bord de notre Jeep, nous passons au milieu de centaines de voitures belges abandonnées, puis devant la gare dévastée avec ses poteaux renversés. Partout des parachutes accrochés aux branches des eucalyptus, de nombreux cadavres aussi, que la Croix-Rouge zaïroise regroupe et enterre. Une compagnie du REP vient d'accrocher des Katangais du côté de Luilu et des rafales se font entendre, ainsi que des coups de mortier. Nous parcourons rapidement les six kilomètres qui séparent le terrain d'aviation de la ville. Rapidement mais pas trop quand même car notre Jeep n'est pas armée et nous ne disposons que de nos armes individuelles, alors, même si le REP a bien dégagé la ville, on ne sait jamais. Ensuite et surtout, parce que les paras zaïrois ont tiré sur les Katangais de nombreux missiles filoguidés et que ces fils de cuivre très fins, très résistants et difficiles à voir, doivent être franchis avec prudence car ils sont parfois à hauteur d'homme et peuvent vous décapiter si vous roulez trop vite. Enfin parce que des obus de mortier non explosés sont fichés dans le sol et qu'il vaut mieux les contourner. Nous traversons la nouvelle ville avant d'arriver à l'hôtel Impala. Il fait un temps magnifique et il n'y a pas âme qui vive dans les rues rectilignes et fleuries de Kolwezi. La population s'est enfuie, toutes les maisons ont été pillées, grilles et portes enfoncées, et des objets divers jonchent les rues. De nombreux rebelles ont cherché à s'enfuir à bord de voitures particulières ou de camions, et, ne sachant pas conduire, ils ont versé dans les fossés qui bordent la route.

L'Impala

Nous arrivons à l'Impala, situé entre la vieille ville et la nouvelle, juste de l'autre côté du pont qui enjambe la voie ferrée. L'hôtel a été transformé en forteresse par les légionnaires et nous avons bien du mal à y pénétrer. Sans notre ex-légionnaire Gaston, nous serions encore devant les sacs de sable barrant l'entrée. Il faut dire que notre fine équipe ne ressemble pas du tout à un détachement de légionnaires. Des valises civiles sont entassées dans la remorque, les coupes de cheveux ne sont guère réglementaires, nos armes sont étrangères et surtout, nous avons avec nous deux Angolais de l'UNITA, farouches, barbus et la kalachnikov en bandoulière.

L'entrée du motel Impala gardée par les légionnaires-parachutistes à Kolwezi.

Le maréchal-président Mobutu lors de la reconquête de Kolwezi.

C'est beaucoup pour une sentinelle de la Légion en temps de guerre. Le chef de poste, appelé à la rescousse, résume la tempête qui s'agitait sous le casque du factionnaire : « *Vous, vous pouvez entrer, mais ceux-là, pas question !* » Ils entreront quand même.

Le colonel Erulin qui commande le 2e REP se montre beaucoup plus accueillant et nous nous installons séance tenante dans trois chambres du motel. Elles sont vides et dévastées, toutes les portes ont été enfoncées et le mobilier pillé. Il n'y a plus d'électricité ni d'eau. De toute façon, les Katangais ont tout mitraillé et les tuyaux sont percés. Partout des traces de sang et une odeur de mort tenace et envahissante. Dans ma chambre, la moquette est souillée, les grands panneaux de bois vernis troués par les balles, les rideaux déchirés et la salle de bains verte est une écumoire. Notre radio est déjà en station. C'est un Drake d'un kilowatt, puissance suffisante pour assurer la liaison quotidienne et cryptée avec la centrale grâce à un petit groupe électrogène japonais que les légionnaires contemplent avec envie. Nous récupérons quelques portes qui traînent dans un coin. Pas pour longtemps, car l'aumônier du REP surgit comme un diable de sa boîte pour nous les réclamer. Le père Lallemand les avait mises de côté pour ses blessés (il y en a une vingtaine). Nous ne faisons aucune difficulté pour les lui rendre et nous deviendrons par la suite de très bons amis malgré ce premier contact quelque peu conflictuel.

Un frelon providentiel

Dans l'immédiat, nous avons deux choses à faire. La première est de récupérer l'hélicoptère présidentiel (celui de Mobutu) afin de monter une opération avec l'UNITA. C'est un Super Frelon qui a une bonne capacité d'emport et dont nous avons le plus grand besoin. La seconde est de réunir le plus d'éléments possibles sur les six coopérants français disparus. Ont-ils été emmenés ou bien tués par les rebelles ? En fait, ce sont les représentants du FNLC (Front national de libération du Congo) à Bruxelles qui ont déclaré détenir les six Français en otages. Nous avons plutôt l'impression qu'ils n'ont pas eu cette chance et qu'ils sont tous morts, mais il n'existe pour l'instant aucune preuve.

Ouvrons une parenthèse pour préciser que ces six cadres militaires français faisaient partie de la mission militaire de coopération en poste à Kinshasa et à M'Banza N'Gungu. Spécialistes des blindés, des véhicules, de l'armement ou des hélicoptères, ils étaient descendus à Kolwezi pour quelques jours afin de procéder à des réparations. Ils étaient là sans leurs familles et logeaient pour la plupart à l'Impala. Un officier du REP nous a déjà remis le carnet de l'un d'entre eux, qui s'arrête le dimanche 14 mai à 11 heures 30 et qui décrit ainsi l'attaque : *« Samedi réveil stupéfiant, fusillades dans toute la ville… Dimanche, sortis dans le jardin, un militaire nous a fait rentrer… »*

Et quand on voit la façon dont ont été envahies toutes les chambres du motel, l'espoir de les retrouver vivants nous paraît bien faible.

C'est pourquoi nous mettons au point en priorité avec nos deux officiers de l'UNITA le scénario du lendemain, si l'hélicoptère promis est là : décollage dans l'après-midi pour Dilolo à la frontière du Zaïre et de l'Angola en compagnie du capitaine Gaston, infiltration en Angola, regroupement des unités disponibles de l'UNITA entre Teixera et Cazombo et mise en place des embuscades entre ces deux localités à partir du 25 mai.

En attendant, la nuit est déjà tombée, il fait frais (nous sommes à 1 440 m d'altitude). Nous dormons par terre, enroulés dans des parachutes. J'ai pris avec moi les deux Angolais auxquels j'ai interdit de sortir. L'explication est simple : les légionnaires sont, pour l'instant, extrêmement manichéens, les bons sont blancs, les méchants Katangais sont noirs. Le commandant Dembo comprend parfaitement la situation, c'est un vieux de la vieille, habitué à l'insécurité et qui mène la vie dure aux dizaines de milliers de Cubains du corps expéditionnaire en Angola. Je partage ma ration de combat avec mes deux compagnons, tout en regrettant de ne pas avoir poussé plus loin la lecture de mon Assimil. Malgré les rafales qui trouent le silence de la nuit et l'odeur tenace que rien ne parvient à chasser, nous nous endormons dans la douceur des parachutes. Il faut dire que deux jours de Transall et une journée dans une ville dévastée, ça fatigue.

Le lendemain matin, pendant que le REP poursuit, avec succès, le nettoyage de la ville et de la périphérie, j'interroge, sans succès, les deux (seuls) prisonniers faits par les légionnaires. Ils ont les yeux pochés et des traces de semelles de rangers un peu partout, mais quand on a vu les charniers laissés par leurs collègues, on n'a pas tellement envie de leur offrir le thé. En tout cas, ce n'est pas de leur bouche que nous apprendrons quelque chose sur le sort de nos coopérants. Tous les Blancs ont été évacués et c'est, à notre avis, une erreur car, comme toute la population noire s'est enfuie et n'est toujours pas revenue, les sources de renseignement ne sont pas nombreuses.

Avec le capitaine Thomas, officier de renseignement du REP, nous essayons de reconstituer l'ordre de bataille des rebelles, leurs directions de fuite et leurs positions actuelles. Les compagnies du régiment s'engagent sur ces directions estimées et ratissent les zones suspectes durant la journée. La nuit, elles tendent des embuscades sur tous les chemins qui mènent vers l'Angola et la Zambie. Les véhicules du REP, GMC et Jeeps, acheminés par des gros porteurs américains, se trouvent encore quelque part entre Lubumbashi et Kolwezi. En attendant qu'ils aient rejoint, les légionnaires se sont donc emparés de tous les camions qui traînaient, et ce n'est pas ce qui manque, pour motoriser leurs unités.

Kolwezi est, ou plutôt était, le plus grand complexe industriel de l'Afrique noire et les énormes camions orange de la Gécamines traînent dans tous les coins. Un avion d'observation des FAZ, un Cessna 310, a repris du service avec un mercenaire belge à son bord, monsieur Renard, une vieille connaissance de notre équipe. Sur nos indications, il sillonne le ciel du Shaba à la recherche des gendarmes katangais, mais il y a beaucoup trop longtemps qu'il est en Afrique, il a une fâcheuse tendance à l'affabulation et ses observations ne sont guère fiables. En particulier, les 60 camions qu'il signale sur la route de Mutshatsha sont toujours les mêmes et les Tigres, surnom que se sont donné les gendarmes katangais en raison de l'insigne qu'ils portent sur l'épaule sont déjà plus loin…

Le colonel Gras est le chef de la mission militaire et je viens de me présenter à lui dans une suite de l'Impala. A cette occasion, au PC du motel, je suis le témoin bien involontaire de scènes ahurissantes où l'état-major des armées déplace depuis Paris une Jeep et un camion sur l'échiquier africain. Où donc est passé le sacrosaint principe de subsidiarité ?

Est-ce que nos anciens SAS de Bretagne en 1944 étaient commandés à distance depuis l'Angleterre ?

Les sardines

Pendant ce temps, un membre de notre équipe déniche un Katangais blessé qui est soigné à l'hôpital de la Gécamines. Accompagné d'un interprète, je fonce à l'hôpital où se trouve le jeune rebelle bien mal en point. L'odeur est insoutenable car la gangrène s'est mise dans la profonde blessure qu'il porte à la jambe. Bien qu'il ne soit pas très en forme, il nous aide à reconstituer toute l'attaque de Kolwezi. Issus pour la plupart de la guerre des 80 jours, les rebelles ont suivi, dans différents camps d'Angola et de Zambie, une instruction militaire de type classique d'une durée variant de deux semaines à deux mois. A partir du mois d'avril, dix bataillons, soit 5 à 6 000 hommes, ont été regroupés au camp de Jimbe. Les commissaires politiques ont instruit chaque bataillon du cadre et du but de l'opération, ainsi que du comportement à adopter, interdisant pillages et exécutions. Les derniers jours du mois d'avril, ayant perçu vivres et munitions, [il nous précise même le nombre de cartouches et de boîtes de sardines] les bataillons se sont mis en route à pied vers leurs objectifs.

L'ordre d'opération, signé du lieutenant-général Mbumba et saisi par le 2e REP, est entre nos mains. Il nous confirme le récit du blessé en donnant la répartition des missions suivante : sur les dix bataillons, deux sont placés en couverture à hauteur de Kasaji, deux autres se dirigent vers Mutshatsha et six marchent sur Kolwezi qui n'est que l'objectif intermédiaire, Lubumbashi constituant l'objectif final. Progressant à pied à l'intérieur de la Zambie, en colonne de bataillons, largement éclairés sur un itinéraire unique, les rebelles arrivent le 11 mai à l'aplomb de Kolwezi, qui n'est qu'à 70 kilomètres de la frontière, sans avoir été décelés. Prenant à revers le dispositif de défense des Zaïrois qui faisait face à l'Angola sur la direction suivie par les rebelles en 1977, ils sont à proximité de leurs objectifs dans la nuit du 12 au 13 mai après avoir contourné tous les villages sans rencontrer la moindre résistance. Un peu avant six heures du matin, le 13 mai 1978, samedi de la Pentecôte, ils attaquent Kolwezi et se rendent pratiquement maîtres de l'aérodrome, puis de la ville, dans la matinée. Initialement encadrés et groupés, ils ne tardent pas à se disperser dans la ville et dans les cités, annonçant qu'ils sont venus libérer la population. Munis de listes nominatives, guidés par des Lundas, ils recherchent et arrêtent les militaires de la division Kamanyola et tuent sur place les non-Shabiens. Ils recherchent particulièrement les « mercenaires », français et marocains.

Les Français ont retiré leurs représentants des services spéciaux peu avant et il ne reste que les coopérants militaires de passage, quant aux « Marocains », ce sont malheureusement des Libanais qui vont faire les

Le lieutenant Casimir et le chef de bataillon Mahele commandant le 311e bataillon parachutiste zaïrois.

frais de la confusion. D'autres personnes arrêtées sont rassemblées et attendent de passer devant les tribunaux du peuple.

Mais en l'espace de 24 heures, tout va se gâter. Egaillés dans toute la ville, fatigués et affamés par douze jours de marche, embarrassés par leur victoire facile, les rebelles, pour la plupart très jeunes, ne tardent pas à abandonner toute discipline. Excités par une partie de la population pratiquant la dénonciation à outrance, ils commencent à piller le quartier commerçant, puis les villas des expatriés avant de se livrer à la chasse aux Blancs. Dès mardi, les commandants de bataillons n'ont plus aucun contrôle sur leurs hommes.

Le mercredi 17, le 311e bataillon parachutiste des FAZ du commandant Mahele saute au sud-est de Kolwezi et s'empare de l'aérodrome. Le même jour, la radio annonce une intervention imminente franco-belge. Dès le mercredi soir et durant toute la journée du jeudi, les rebelles commencent à quitter la ville. D'autres clament leur détermination et prétendent qu'une intervention soviéto-cubaine est attendue.

Opération *Mazurka 2*

Le vendredi après-midi, au moment du largage de la première vague du 2e REP, la moitié des rebelles a déjà pris la fuite à bord de véhicules isolés, en majorité des camions de la Gécamines. Dans les jours qui suivent, deux bataillons sont mis hors de combat mais les autres se sont enfuis, intacts.

Les rebelles n'avaient pas de permis de conduire...

Sur les 300 véhicules volés, un bon tiers n'atteint pas la frontière, tombés dans les fossés bordant la route ou embourbés dans les marais de Waseka ou de Musokatanda. Ses occupants se mêlent alors à la population, plutôt favorable aux rebelles, ou poursuivent leur chemin à pied vers l'Angola.

C'est de ceux-là que nous nous occupons sans plus attendre avec notre petite troupe étrange et bigarrée. L'hélicoptère et son équipage présidentiel étant mis à disposition, les partisans de l'UNITA et leurs accompagnateurs s'envolent vers Dilolo. Le temps perdu peut parfois se rattraper, des embuscades sont mises en place dans la région de Teixera de Sousa. Entre le 27 mai et le 7 juin, plusieurs groupes rebelles tombent dans des embuscades tendues par les maquis aguerris de l'UNITA. La première d'entre elles permet de tuer 23 rebelles et de se saisir de 15 armes dont un mortier. La « guerre spéciale » a commencé…

Pour continuer sur le chapitre de l'UNITA, nous conserverons à Kolwezi un de ses représentants, ce qui nous permettra de coordonner nos actions et de poursuivre notre soutien. Le REP se laissera convaincre sans difficulté de se séparer d'une bonne partie de ses prises de guerre. Il se fera d'autant moins tirer l'oreille qu'à sa grande surprise, nous choisirons des armes peu gourmandes en munitions, car cela facilite le soutien. Sur les 850 armes capturées par les légionnaires, le quart environ sera chargé par nos soins dans un avion du GAM à destination des maquis de l'UNITA.

Plutôt morts qu'otages, en tout cas disparus

Les gendarmes katangais ne constituant plus une menace directe, malgré leur supériorité numérique, nous pouvons nous consacrer au deuxième volet de notre mission : les coopérants. Ont-ils été tués sur place ou emmenés en otages par les rebelles ? Dans un cas comme dans l'autre, il faut des preuves et nous n'avons que des suppositions. Pour l'instant, nous avons interrogé tous les témoins possibles.

Les légionnaires qui n'ont pas trouvé les coopérants, mais seulement le carnet de l'un d'entre eux, l'adjudant Gomila, les trois gendarmes katangais survivants, les FAZ, à commencer par le commandant du 311, le commandant Mahelé, qui a perdu 14 hommes dans les combats de l'aéroport et qui connaissait certains des six coopérants, mais n'a pas trouvé trace d'eux, ainsi que d'autres officiers des FAZ qui commencent à refaire surface. Rien à attendre de leur côté, sinon des embrouilles qui ne vont d'ailleurs pas tarder !

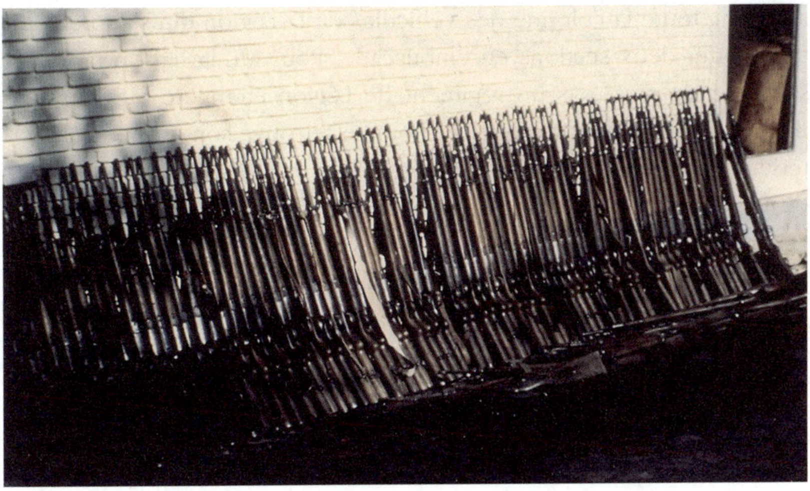

Des Mauser peu gourmands en munition pour soutenir l'UNITA sont récupérés dans Kolwezi.

Reste la Croix-Rouge qui était très vite sur les lieux et qui, par crainte des épidémies, a enterré hâtivement les cadavres, sans toujours les identifier avec précision. A elle seule, elle en a enfoui plus de 800, mais de nombreux corps ont été enterrés par des soldats ou des civils zaïrois. Cent vingt Européens ont été tués et les tombes de plusieurs d'entre eux ne portent que des numéros. L'exhumation ne peut être faite que par des spécialistes, mais elle n'interviendra pas avant que la sécurité ne soit revenue. Environ 500 corps de Zaïrois civils et militaires sont en train d'être regroupés dans une sépulture commune près de l'aéroport.

Un radio opiniâtre

Il nous reste encore une source de renseignement, le Centre national de documentation (CND), autrement dit le SDECE zaïrois. Les anciens de notre équipe m'y emmènent et nous passons d'abord devant l'école, entièrement détruite par les Mirage V zaïrois, qui l'ont prise pour cible, Dieu sait pourquoi ! En arrivant devant le bâtiment du CND, nous constatons que les gendarmes katangais étaient bien renseignés, car il est criblé de balles et de roquettes de RPG.

Mais des représentants du CND, aucune trace…

En prenant ma Jeep le matin, le radio constate que la boîte de jonction a disparu et je ne peux donc pas utiliser mon poste. Premiers soupçons en direction des porteurs de grenades à sept flammes (les légionnaires). Le soir, c'est notre groupe électrogène qui est introuvable. Le radio du SDECE qui est avec nous, un remarquable sous-officier, remonte pistolet au poing toute la colonne des véhicules de la Légion qui s'apprêtent à transporter deux sections en embuscade. Pour lui, la liaison radio est sacrée et ce n'est pas un régiment de Légion étrangère qui l'arrêtera dans sa recherche, et ce diable d'homme retrouve son groupe... à l'intérieur de l'ambulance ! Il sera dorénavant très respecté des hommes du 2e REP que Casimir appelle désormais les termites. Il faut dire que l'esprit de corps cultivé par la Légion est parfois exclusif de tous les autres, ce qui rend toute cohabitation difficile. Il faut successivement faire ses preuves, montrer qu'on n'est pas dupe, et réagir fermement avant d'être accepté. Le lieutenant Bourgain a raté son embuscade, mais nous avons récupéré notre précieux groupe électrogène. Ce larcin était d'autant plus stupide que notre poste radio était, de loin, le plus puissant. C'est même par son intermédiaire que bien des messages urgents étaient parvenus à Paris.

Le 2e REP est certes une mécanique bien huilée, un rouleau compresseur efficace, un régiment parachutiste redouté, mais sa force ne réside pas uniquement dans son entraînement particulier. Les Bérets verts ne courent pas beaucoup plus vite que les Bérets rouges. La force de la Légion, c'est que tous ceux qui y servent ont deux métiers, leur spécialité militaire et la profession qu'ils exerçaient avant de s'engager. Ainsi, l'Impala est bien défendu parce qu'il y a des maçons, le colonel dort sur un lit parce qu'il y a des menuisiers, nous mangeons des croissants tous les matins parce qu'il y a des boulangers.

Les grenouilles et le paon

Les garages du motel regorgent de munitions qu'on ne cesse de nous faire parvenir, mais l'intendance a complètement oublié de nous envoyer des rations. Le 26 mai, il n'y a presque plus rien à se mettre sous la dent ! Heureusement, dans une des caves de l'hôtel, outre quelques bonnes bouteilles, on découvre tout un stock de conserves de cuisses de grenouilles ! Nous prenons nos repas à la popote du colonel Erulin avec le petit état-major du REP et nous finissons par redouter l'arrivée des grenouilles. Après épuisement du stock, le REP se transforme en *cow-boy* afin de capturer les chevaux du club hippique qui se sont égaillés dans la nature pour laisser les hommes s'entretuer. Bonne occasion de constater que cette brillante unité compte aussi des bouchers. Tous les chevaux sont tués et dépecés pour nourrir le régiment et notre équipe ! Tous les animaux comestibles du zoo de l'Impala passent également à la casserole, y compris le paon qui nous empêchait de dormir !

Un soldat des FAZ prend une pose martiale…

Le maréchal Mobutu salue le colonel Erulin, commandant de la 2e REP.

Malgré ces problèmes de ravitaillement, la situation s'améliore de jour en jour. Une famille d'expatriés qui se terrait en brousse est découverte par des légionnaires. La joie des rescapés fait plaisir à voir ! Toutes les nuits, des embuscades sont tendues sur les différentes pistes, mais ce sont de moins en moins les rebelles qui tombent dedans et de plus en plus des Zaïrois, pillards ou soldats des FAZ (il n'y a guère de différence entre les deux…).

Quant à l'argent récupéré, il est utilisé pour la bonne cause et par nos soins. La Légion me remet l'argent que je comptabilise avant de le remettre en mains propres au commandant Mahélé qui paie la solde des parachutistes de son bataillon avec cet « argent sale », ce qui évite à ses hommes d'avoir le même comportement que les autres FAZ !

Un nouvel adversaire

Mais il est temps d'aller faire un tour au PC des FAZ où un nouveau général a été mis en place par le président Mobutu. A l'entrée, le capitaine Gaston et moi sommes interceptés par les innombrables gardes du corps qui veulent que nous entrions désarmés. Peine perdue. Le général Dikuta nous reçoit sans aménité, ce qui n'est pas grave car, avec ce que nous avons à lui dire, il sera sans doute encore plus furieux après ! Nous lui expliquons le plus calmement possible qu'il faut que ses hommes cessent de rançonner la population pour que celle-ci puisse se réinstaller dans la ville et les cités. Les rebelles disparus, nous venons de nous trouver un nouvel adversaire : l'armée zaïroise.

Ce pays est beau, le climat est agréable, mais le régime est pourri et les militaires sont exécrables ! Les journalistes commencent à s'en aller, ce qui est un signe certain d'amélioration de la situation. Un écrivain reste encore un peu, c'est Pierre Sergent en train d'écrire *La Légion saute sur Kolwezi*. Ancien officier de Légion d'Indochine et d'Algérie, il n'a aucun mal à recueillir les témoignages des principaux acteurs qui le considèrent comme l'un des leurs.

Le 28 mai, le gros du régiment quitte Kolwezi par la route pour Lubumbashi. Nous prenons congé du colonel Erulin sans savoir que nous ne le reverrons jamais. Peu après en effet, en faisant son cross matinal, il sera victime d'une attaque cardiaque.

Notre équipe ne reste cependant pas seule puisqu'un détachement de Légion va vivre et travailler avec nous jusqu'à la mi-juin. Le DLEK, comme nous avons surnommé ce détachement, est aux ordres du capitaine Legrand et comprend la compagnie du capitaine Poulet.

Etrange coïncidence, Legrand, compagnon agréable, plein d'humour et de vitalité, connaîtra la même fin que son chef quelques années plus tard.

Vos soldats, Monsieur le Président

Un message nous annonce un beau soir de juin que le *« président fondateur du mouvement populaire de la révolution et commandant suprême des armées »* sera là le lendemain. Notre chef de mission sera du voyage. Il s'agit du colonel de Lignières, dit Lionel.

Le C-130 présidentiel se pose sur l'aérodrome de Kolwezi avec le chef d'état-major de l'Armée de l'air zaïroise aux commandes. Le président Mobutu Sese Seko en descend en treillis camouflé *made in France* avec sa casquette de maréchal. Entouré de sa garde rapprochée marocaine – la confiance règne – il passe le bataillon d'honneur en revue. C'est, bien sûr, le bataillon Mahélé. Il félicite le major puis se fait présenter notre équipe par Lionel. Il nous invite ensuite à le suivre à l'état-major des FAZ où il est accueilli par le général Dikuta. Mobutu entre dans le bureau de ce dernier et nous invite, Lionel et moi, à y entrer… sans le général. Le président s'assied et dit à Lionel : *« Je vous écoute. »* Et là, surprise ! Lionel me donne la parole :

« Dites au président tout ce que vous avez pu constater sur l'attitude des FAZ… »

Et me voilà lancé bien malgré moi à l'attaque des FAZ !

« Vos soldats, Monsieur le Président, considèrent globalement la population comme rebelle. Au lieu de faciliter leur retour et de protéger leur réinstallation, ils les rançonnent, les pillent, les blessent et souvent les tuent. Les vrais responsables de l'insécurité, ce ne sont plus les rebelles, mais les soldats zaïrois qui sont livrés à eux-mêmes et parcourent la ville et les cités l'arme à la main. Pour que la population revienne et vive en paix, il faut éloigner les soldats, supprimer tous les barrages qui ne servent pas au contrôle mais au vol et, au minimum, interdire aux soldats isolés de se déplacer avec leurs armes et sans autorisation. »

Mobutu n'a pas l'air particulièrement surpris. Lionel, qui le voit fréquemment et qui a toute sa confiance, ne lui a pas caché grand-chose du contenu de nos messages. Il y a effectivement 2 000 FAZ livrés à eux-mêmes en ville et aux environs qui sont d'autant plus agressifs aujourd'hui qu'ils se sont enfuis hier dès les premiers coups de feu. Ils ne sont pas payés, ils ne sont pas Lundas et se servent directement chez l'habitant.

L'équipe du GO est présentée au président Mobutu.

Lionel enfonce le clou et demande au président de prendre des mesures pour obliger les officiers à faire acte d'autorité. Mobutu me remercie, m'encourage à poursuivre sur la même voie et me gratifie d'un sourire qui n'est pas feint. Je prends congé en me disant que le général Dikuta va entendre parler du pays.

Pour la petite histoire, et selon l'hebdomadaire *Jeune Afrique* n° 923, Mobutu ne se séparera pas du général Dikuta. Il se vengera au contraire en révélant à Giscard quelques atteintes graves à la discipline perpétrées par les troupes françaises à l'égard des populations civiles, ce qui aurait provoqué le rappel à Paris de notre chef de la mission militaire, le colonel Gras.

Les chiens

Le général des FAZ entendra effectivement parler du pays. Malheureusement, il ne sera pas relevé de son commandement et nous serons obligés de faire très attention à nos humbles personnes, car il va nous vouer une haine mortelle. Il sera tout de même contraint de prendre des mesures, d'éloigner un certain nombre de soldats et de contrôler les déplacements des isolés. Il faut dire que depuis le départ des gros du REP, les exactions sont quotidiennes, surtout le soir où les rafales éclatent dans tous les coins. Un jour, nous tombons sur douze hommes abattus de plusieurs balles, les mains attachées derrière le dos. C'étaient des marchands de viande assassinés et dévalisés. Un autre jour, des tirs se déclenchent un peu partout. Renseignements pris, le commandant militaire, dans sa sagesse, avait décidé que les chiens errants devaient être abattus car ils avaient dévoré de la chair humaine pendant les évènements ! Du coup, de nombreux blessés atteints par les ricochets sont conduits d'un peu partout à l'hôpital. Une autre fois encore, nous surprenons une bande de soldats en train de piller une villa et de tout charger dans un camion.

Mais le détachement post-curseur de la Légion avait pour consigne de ne pas intervenir et nous-mêmes n'étions pas assez nombreux pour le faire, alors nous passons notre chemin la rage au cœur. Quant aux gendarmes zaïrois, ils se comportaient exactement comme les soldats. Le colonel Kalala et le capitaine Itono nous écoutaient poliment, mais ne faisaient rien.

De nouveaux enjeux

La population commence tout de même à revenir, car nos efforts pour qu'elle ne soit pas rançonnée par les FAZ ne sont pas entièrement vains. Mais nous ne pouvons pas être partout. Il ne reste plus qu'une centaine de légionnaires et bientôt, nous ne serons plus qu'une demi-douzaine de parachutistes français ! Nous profitons de la présence de la section de mortiers du REP pour instruire les parachutistes zaïrois sur l'emploi de cet armement. L'entraînement se fait, bien sûr, à obus réels dans la verte nature.

Nous n'avons oublié qu'une seule chose, c'est la réaction de la population ! Nous cessons le feu lorsque nous apercevons des files de femmes et d'enfants, ballots sur la tête, fuyant les cités pour la brousse… Ils croyaient que tout recommençait ! Cette population est très attachante, mais elle a peur de tous les soldats, quels que soient leurs uniformes.

Le retour des habitants après l'attaque des Katangais.

Il faut préciser que Kolwezi n'est pas un petit village de montagne comme cela a parfois été écrit. C'est une agglomération de près de 200 000 habitants avec deux villes européennes et des cités ouvrières. La seule cité Manika compte 47 000 habitants !

Aucun commerce n'a réouvert. La Croix-Rouge a bien distribué quelques centaines de tonnes de vivres, mais la répartition est passée par des intermédiaires qui se sont servis au passage. Résultat, la population crève de faim et les blessés des hôpitaux sont remplacés par des malades. Ce qui faisait vivre toute la région, c'était la Gécamines, l'ancienne Union minière du Katanga, qui employait près de 15 000 ouvriers qui, eux-mêmes, faisaient vivre environ 20 000 familles. Pour l'instant tout est stoppé. Pour que la vie reprenne, il faut que la Gécamines redémarre ses activités. Et, aussi curieux que cela puisse paraître, c'est bien ce défi que nous allons relever !

Un allié nous tombe du ciel en la personne de l'inspecteur Kabessa, du CND, avec lequel nous allons travailler en équipe. Le premier besoin de la population est évidemment la sécurité, mais ce n'est pas le plus facile à satisfaire. On vient simplement de changer d'adversaire…

Pour contrer l'action néfaste des FAZ, nous disposons de Mahélé et de ses parachutistes du 311. Tant que nous parvenons à payer leur solde, nous les empêchons de nuire et nous avons un allié dans la place. Mais ils ne resteront pas éternellement à Kolwezi. Les derniers légionnaires

La caravane de notre équipe motorisée.

se préparent à boucler leurs sacs et vont être remplacés par une Force interafricaine (FIA) composée, pour l'essentiel, de soldats marocains et sénégalais.

La providence nous envoie un troisième allié en la personne d'un ingénieur zaïrois de la Gécamines, le citoyen Wala, remarquablement intelligent, et qui sera notre intermédiaire le plus précieux.

Bien sûr, pour faire toutes ces démarches et assurer toutes nos liaisons, notre unique Jeep ne suffit plus à la tâche. Nous nous servons donc dans le parc de véhicules abandonnés par leurs propriétaires. Une Mercedes pour le lieutenant Casimir, une autre pour le lieutenant Médard et une 404 break pour l'adjudant Gabin…

Un petit tour dans les ateliers de la Gécamines, le plein à la station-service de la même société, et voilà notre unité entièrement motorisée !

Les Chinois descendent et le parachute monte

Un beau jour, nous sommes prévenus qu'il y a de l'agitation sur l'aérodrome. Des FAZ en tenue se mettent en place, un VIP est attendu. En début d'après-midi, c'est le C-130 présidentiel qui se pose avec à bord, Mobutu et toute une délégation… chinoise ! L'intérêt qu'ils portent à Kolwezi est apparemment économique car ils ont droit à une visite guidée de la plupart des installations minières. Les Chinois sont très présents en Afrique, contrairement à ce que croient la majorité des gens.

Qu'il s'agisse de commerce ou de guérilla, ils sont acteurs dans bien des domaines et ne sont pas toujours du côté des communistes... Nous allons les retrouver très bientôt à nos côtés pour soutenir l'UNITA !

« Mon commandant, venez voir, il y a un parachutiste dans le ciel ! »

Le temps de prendre mes jumelles et mon arme, et me voilà fonçant sur la piste, les yeux en l'air, essayant de deviner le point de chute de ce parachutiste qui descend bien lentement. Il est très haut dans le ciel, à 2 ou 3 000 mètres peut-être, et je me demande d'où diable il peut venir. Un pilote zaïrois? Il y a des précédents récents. Alors que deux Mirage V venaient de participer à un défilé aérien pour la fête de l'empereur Bokassa à Bangui, ils trouvèrent l'aérodrome de Kinshasa fermé à cause d'un gros orage tropical et furent déroutés vers un aérodrome voisin, qu'ils ne trouvèrent pas. Perdus et à court de carburant, ils furent obligés de s'éjecter au-dessus de l'Angola où ils furent arrêtés. Gaston qui est avec moi se souvient encore du tonneau de « victoire » d'un Macchi zaïrois qui s'écrasa sous ses yeux sur la piste de Kolwezi. Aucun panache de fumée à l'horizon, ce ne semble pas être un pilote de jet. Je continue mon périple, qui m'emporte loin de l'agglomération en pleine brousse, et ce sacré parachutiste a toujours l'air suspendu en l'air. Je stoppe pour en avoir le cœur net, sors mes jumelles, pour m'apercevoir... qu'il y a bien un parachute, mais pas de parachutiste ! Le harnais est vide. Je donne des consignes à un Zaïrois pour que le parachute me

L'un de ces parachutes était devenu ascensionnel.

soit rapporté, ce qui est fait dans l'après-midi. C'est un T 10 israélien, un de ceux avec lesquels le REP a sauté. Abandonné sur le terrain comme la plupart d'entre eux ou accroché à la cime d'un arbre, il a dû être pris dans un courant ascendant et s'est envolé tout seul vers les cieux…

C'est l'hiver, les nuits sont devenues très fraîches. Le ciel étoilé est magnifique avec la Croix du Sud qui resplendit. Demain, nous partons pour Lubumbashi avec les derniers légionnaires. Nous reviendrons à Kolwezi avec la Force interafricaine, tels sont les ordres reçus. Nous demandons à Mahélé de veiller sur nos chambres de l'Impala que nous avons mis un mois à remeubler…

Le Chérif et le Shérif

L'étoile chérifienne sur la casquette, il s'agit maintenant de relancer l'énorme machine Gécamines contre vents zaïrois et marées belges, non pas pour alimenter les caisses de l'être suprême, mais pour que la population puisse vivre et travailler au Shaba. L'équipe est restreinte mais obstinée et elle commence à savoir nager en eaux troubles, ce qui n'est malheureusement pas le cas de tout le monde. De toute façon, nous ne nous faisons guère d'illusions sur la pérennité de notre action…

Nous voilà maintenant en tenue marocaine, insignes de grade compris…

Français à l'aller, Marocain au retour

Avec la Légion, nous mettons à peine une journée pour parcourir les 300 kilomètres qui séparent Kolwezi de Lubumbashi. Nous descendons dans le plus bel hôtel de la ville, le Karavia, PC des représentants du haut commissariat aux réfugiés et autres organismes internationaux, que nous n'avons pas encore eu l'occasion de voir sur le terrain à Kolwezi.

Un bon dîner précède un bon lit et une nuit réparatrice après avoir assisté à une scène curieuse. Le barman de l'hôtel ne servant pas assez vite à son gré la consommation d'un légionnaire, celui-ci sort un pistolet et le décharge dans la glace située derrière le barman. Avant que nous ayons le temps d'intervenir, un groupe de soldats américains surgit, M 16 à la main. Ce sont les Bérets verts des Forces spéciales US qui escortent les équipages des gros porteurs venus récupérer le 2e REP et acheminer la FIA (Force interafricaine). Nous calmons l'ensemble et l'incident est vite oublié.

Le colonel-major Loubaris, homme de confiance du roi Hassan II et ancien officier de l'armée française est venu accompagner le détachement de son pays. Nous déjeunons ensemble et il nous reçoit en grand seigneur. Il nous présente au lieutenant-colonel qui commande le bataillon marocain et qui ne nous inspire guère, petite barbiche et l'air chafouin. C'est plus important qu'il n'y paraît car nous venons de recevoir de nouveaux ordres : « *Tous les Français ont quitté Kolwezi* », a déclaré notre président (Giscard), et me voilà transformé, d'un coup de baguette magique, en commandant marocain et c'est le colonel-major Loubaris qui me remet les nouveaux insignes de mon grade…

Toute l'équipe perçoit donc une tenue de combat complète des Forces armées royales (FAR) et nous nous préparons à faire le chemin inverse pour retourner à Kolwezi. Nous passons par l'aérodrome où d'énormes avions de transport américains déposent troupes et véhicules de la FIA. Nous comptons 47 Land Rover débarquant d'un seul gros porteur Galaxy ! Quant aux camions GMC du REP, il revient moins cher à la République de les abandonner sur le tarmac. Ces fidèles serviteurs de l'armée française – que les Américains présents ne reconnaissent même plus comme sortant de leurs usines – vont donc pourrir sur l'aérodrome. Tous ? Non ! Car un GMC est prélevé par notre équipe et nous rendra de multiples services à la place de notre break 404.

Tous les Marocains sont arrivés, les Sénégalais seront aérotransportés directement sur Kolwezi. En route pour la cité minière !

Zéro de conduite

Nous avions mis à peine une journée pour venir, nous allons mettre plus de trois jours pour revenir ! Cela commence par des accidents à répétition. Les Land Rover, pourtant flambant neuves, se retournent, quittent la route, se télescopent. Ce n'est pourtant pas la densité de la circulation qui pose problème, il n'y a personne ! Ensuite, nous avons beau expliquer que la voie est libre et qu'il n'y a plus de rebelles, les

Marocains – qui viennent directement du Sud marocain où ils combattaient le Polisario – se considèrent en zone d'insécurité et débarquent à tous les carrefours, reconnaissent les abords et braquent la population qui n'y comprend plus rien.

Je recommence par conséquent mes explications auprès du colonel marocain, qui m'écoute poliment mais continue selon la même tactique. Nous quittons alors la colonne pour rouler à notre rythme en donnant au chef de détachement un rendez-vous sur l'itinéraire, ce qui nous permet de calmer nos nerfs défaillants et d'assurer les liaisons radio indispensables. Trois jours plus tard, et avec un bilan de trois morts et d'une dizaine de blessés par accident, nous arrivons enfin à Kolwezi.

Là, le colonel marocain s'installe dans une chambre et son garde du corps se couche en travers de la porte. Deux jours passent et le colonel n'est toujours pas sorti ! Je rends compte à Lionel à la vacation suivante et je tente ma chance auprès de son second pour lui faire faire le tour du propriétaire. Il prend une section de combat et nous partons à bord de sa Land Rover. Et voilà que le même cirque recommence ! Dès qu'il y a une cartouche par terre, arrêt, fouille, braquage... J'explique de nouveau au commandant que les rebelles sont partis il y a environ un mois et que les gens que menacent ses soldats sont de simples habitants. Rien n'y fait, au contraire, il le prend de très haut, surtout lorsque je dis à ses troupes de rembarquer pour qu'on puisse continuer notre reconnaissance des lieux. C'est la crise !

« *Vous n'avez pas le droit de donner des ordres à mes soldats...* me hurle-t-il.

- *Mais si, puisque je suis commandant dans votre armée !* »

Et sur ces bonnes paroles, je retourne à l'Impala.

Sur ces entrefaites, le colonel barbichu disparaît discrètement de la circulation et va se faire soigner pour dépression nerveuse. Mais c'est mon commandant irritable qui lui succède.

Heureusement, les Sénégalais arrivent ! Le premier appareil, un Transall, se pose sans problème et décharge sa cargaison de parachutistes africains. Le deuxième avion s'aligne, c'est un Hercules des FAZ. Il se pose trop tôt, accroche le seuil de piste où il abandonne une bonne partie de son train d'atterrissage, embarde sur la droite, s'incline et quitte la piste dans un grand bruit de ferraille en arrachant l'une de ses hélices, avant de s'immobiliser sur la terre en bord de piste... Par chance, il ne prend pas feu, ce qui nous permet de voir débarquer des Sénégalais littéralement gris de peur rétrospective, mais sans une égratignure...

Un Hercules zaïrois crashé sur la piste de Kolwezi.

La piste est à 1 500 mètres d'altitude, l'avion était très chargé et le pilote zaïrois maladroit.

En attendant, l'aéroport est obstrué et donc condamné pour plusieurs jours. Même le Learjet de la Gécamines ne peut plus se poser, avec son chargement d'ingénieurs blancs et roses qui se contentent de faire l'aller et retour hebdomadaire entre Lubumbashi et Kolwezi.

Un jour, le Prince viendra

Un beau matin – ils sont d'ailleurs toujours très beaux, ce qui finit par être lassant – notre Transall se pose. L'équipage nous apporte du matériel, le courrier et améliore un peu notre ordinaire. Un capitaine parachutiste inconnu fait partie du voyage. Je suppose qu'il appartient à la Centrale, car ne monte pas à bord d'un avion du SDECE qui veut, et je ne pose pas de questions. En revanche, je réponds à beaucoup et lui fais faire, à sa demande, une visite très complète de la ville, des cités et des mines. Il repart le soir très content, avec un peu de malachite et beaucoup de souvenirs.

Deux jours plus tard, Lionel me remercie de la part de Gérard de Villiers… J'ignorais ses accointances avec le Service Action, mais je lirai avec intérêt les aventures de SAS le prince Malko au Zaïre, et j'apprécierai la technique de l'écrivain mêlant la réalité et la fiction grâce à l'injection de nombreux petits détails véridiques sur les rues, les gens, les véhicules, les paysages etc.

La Gécamines

Le Zaïre est un pays très vaste, cinq fois la superficie de la France, complètement enclavé avec à peine 1 000 kilomètres de routes goudronnées. On ne peut s'y déplacer que par avion ou par le fleuve. Il ne possède qu'une minuscule façade maritime de 37 kilomètres avec un seul port, Matadi, situé sur le fleuve à 100 kilomètres de la mer. Son importance économique est grande du fait de ses ressources minières : 400 000 tonnes de cuivre par an, les deux tiers du diamant industriel, les trois quarts du cobalt, 60 % de l'uranium utilisé en Occident, ainsi que des métaux rares tels que le tantale et la colombite, indispensables à l'industrie aéronautique. Il occupe une situation stratégique essentielle au centre de l'Afrique, surtout depuis que ses voisins, l'Angola, le Congo et la Tanzanie sont sous obédience soviétique. Mais c'est un pays fragile et vulnérable, du fait de ses dimensions et de sa population divisée en de nombreuses ethnies. Sa production minière est presque toute entière concentrée dans la province du Shaba qui renferme 60 % des ressources du pays. Elle dépend presque entièrement de la ville de Kolwezi où se trouvent les principales mines et cinq usines de traitement du minerai, le plus grand complexe industriel de l'Afrique noire. En outre, à 30 kilomètres de la ville, le barrage de la rivière Lualaba fournit au Shaba toute l'électricité nécessaire. L'objectif des rebelles, en 1977 comme en 1978, était donc un point stratégique essentiel.

Depuis l'attaque du 13 mai, il paraît que beaucoup de choses ont été dites ou écrites sur la situation économique de la région, en particulier sur la destruction des installations de la Gécamines et sur la paralysie de la production due au départ des ingénieurs et des techniciens européens. La réalité est quelque peu différente s'il faut en croire le bilan dressé par notre équipe.

Au chapitre des chemins de fer (la SNCZ), les entrepôts et les wagons ont été pillés, la régulation a été détruite et 4 kilomètres de caténaires aussi. A la mi-juillet, la ligne électrique est réparée dans sa totalité, les wagons de marchandises sont en nombre suffisant et le trafic des voyageurs n'est suspendu que parce que l'état d'exception est toujours en vigueur. Il suffit de le lever pour que le trafic reprenne comme avant. Bien sûr, le trafic à travers l'Angola est toujours interrompu depuis 1975.

Les magasins ont été entièrement pillés…

En ce qui concerne l'électricité (la SNEL), une quinzaine de pylônes avaient été détruits, tous sont maintenant réparés. La centrale de Nzilo que nous avons fait protéger est intacte et la production électrique est suffisante. Télex et télécommunications fonctionnent à nouveau depuis le 28 juin. Dans le domaine des postes, seules les installations intérieures ont été saccagées.

Le courrier circule à peu près normalement, mais reste tributaire des limitations du trafic ferroviaire, aérien ou routier. Du côté du commerce, tous les magasins ont été entièrement pillés et la plupart des commerçants ont donc tout perdu. Des indemnisations ont été versées à la banque du peuple, mais les autorités en place ont détourné ces sommes à leur profit. Seuls quelques rares magasins ont réouvert.

L'entreprise la plus touchée nous paraît être Inga Shaba avec ses véhicules détruits, ses entrepôts pillés et ses hangars incendiés. Mais on peut compter sur la puissance américaine pour relever l'entreprise. Une demi-douzaine de techniciens US sont déjà de retour et tout ce qu'on peut craindre, c'est un retard de six mois ou plus dans l'exécution du programme INGA. Mais venons-en à la Gécamines où, contrairement à ce qui a été annoncé initialement par les Belges, les installations sont intactes. Les rebelles savaient sans doute ce que représentent ces mines, ces carrières et ces usines, car ils ont pris grand soin de ne pas les détruire, mais tout au plus de les neutraliser en provoquant le départ des blancs. Sous la houlette de notre ingénieur zaïrois fort de notre soutien quotidien, 23 ingénieurs zaïrois ont pu être réunis et ils font actuellement le travail de 450 Européens. Résultat : le groupe ouest tourne à 80 % de sa production. Les installations de ce groupe représentent à elles seules 75 % de la production du cuivre et 90 % de la production du cobalt de la société. Kolwezi représente 80 % de la production du Shaba, équivalent lui-même à 80 % des ressources du Zaïre.

Drôle d'opération spéciale

Nous nous attendions à bien des activités diverses au sein des Forces spéciales, mais pas au redémarrage d'une gigantesque usine !

Il a fallu d'abord assurer la sécurité, ce qui n'était pas une mince affaire, car il ne s'agissait pas tellement du danger d'un retour offensif des rebelles, mais bien de la liberté pour les ouvriers comme pour les cadres de circuler sans être rançonné, brutalisé ou arrêté arbitrairement par des militaires ou des gendarmes. Et nous n'étions que cinq parachutistes, tout le temps sur la brèche, veillant à ce que les contrôles mis en place ne soient pas le prétexte à dévaliser les gens. A cause du couvre-feu, les trois postes normaux n'avaient pas été rétablis et nous essayions de convaincre le colonel Nzita, patron de la sous-région de lever le couvre-feu ou d'adopter, à défaut, un système de contrôle des cars de ramassage des ouvriers. Quant aux cadres expatriés, si on voulait qu'ils reviennent, il fallait leur donner des garanties suffisantes concernant la

L'un des sites miniers de Kolwezi.

Les routes étaient encombrées de centaines de véhicules abandonnés…

sécurité de leur vie, de leur famille et de leurs biens, et là, ce n'était pas pour demain…

En attendant, 12 000 ouvriers environ étaient déjà revenus en juillet, seuls manquaient encore des gardes industriels et des conducteurs qui avaient dû partir de gré ou de force avec les rebelles. Le problème essentiel était celui de l'encadrement, techniciens et ingénieurs: il en manquait 450. Malgré cela, le 26 mai, Wala réussissait à faire redémarrer l'usine sans qu'aucune décision officielle n'ait été prise. Le délégué général Umba, avec qui j'allais bientôt avoir un rendez-vous, avait simplement donné son accord. Alors, sans aucune intervention de la direction, des ouvriers avaient pris la place des contremaîtres, des techniciens celles des ingénieurs, et des ingénieurs étaient devenus directeurs de service. L'eau et l'électricité furent rétablies, et les carrières inondées furent pompées. Les véhicules en état furent récupérés…

A tort ou à raison, nous étions fiers de participer avec ce petit groupe d'ingénieurs africains à un véritable défi face à la production électrique insuffisante, l'encadrement squelettique, les problèmes de sécurité…

Nous étions irrités de voir presque tous les matins un biréacteur déposer des ingénieurs belges qui distribuaient quelques critiques et quelques instructions avant de repartir l'après-midi pour Lubumbashi.

Ainsi, depuis leurs bureaux climatisés de Lubumbashi, les directeurs belges reprenaient leur influence d'antan. Quant aux ingénieurs zaïrois, ils ne furent ni encouragés, ni félicités. Ils ne s'attendaient d'ailleurs à aucune promotion, encore moins à être titularisés dans leurs fonctions actuelles. Ils s'estimaient même heureux à l'idée de reprendre le poste qu'ils occupaient avant les évènements, d'autres craignaient d'être mis à la porte car ils avaient été les témoins gênants de l'incapacité ou de la couardise de leurs chefs, sans parler des tracasseries des FAZ, des jalousies provoquées par le tribalisme ou les diplômes.

Finalement, c'était le parc automobile qui avait le plus souffert, non pas les gigantesques bennes et les pelles, mais les camions et les véhicules légers. Les rebelles en avaient utilisé environ 300, les militaires en avaient réquisitionné par la suite tout autant. Il restait une bonne réserve de carburant, trois mois d'explosifs, mais pas assez de produits chimiques. Curieusement, la chaux et l'acide sulfurique nécessaires étaient stockés à Likasi, à mi-chemin entre Kolwezi et Lubumbashi, et la direction ne faisait parvenir ces produits qu'au compte-gouttes, comme si elle trouvait son compte à ralentir la production. De la même façon, plutôt que de faire parvenir les pièces de rechange, la direction donnait comme consigne de cannibaliser d'autres engins… Même l'hôpital avait bien rempli son rôle malgré le départ de tous les expatriés. Enfin la paye avait été versée à peu près dans les délais habituels.

Toute notre équipe partageait la même conviction. L'attitude des responsables belges de la Gécamines était pour le moins trouble. Elle avait d'abord noirci systématiquement la situation en rendant publique une évaluation des dégâts très éloignée de la réalité. Ensuite, elle avait rendu quasiment obligatoire l'évacuation des cadres européens, au point que même ceux qui voulaient rester étaient obligés de partir. Enfin, les Belges agissaient comme s'ils voulaient constamment prouver que les noirs sans eux étaient incapables de faire fonctionner l'entreprise, en contrecarrant les efforts des ingénieurs zaïrois, en bloquant les produits chimiques indispensables ou en donnant des ordres incohérents.

Et que ça saute !

Le calme est à peu près revenu dans la ville, même s'il y a encore de l'agitation dans les esprits. J'en profite pour me réconcilier avec mon commandant marocain. Notre équipage de Transall m'a apporté du champagne pour la fête nationale et je distrais une bouteille du stock pour la réconciliation internationale. Elle a lieu en terrain neutre dans la villa d'un ingénieur. Après un petit discours de circonstance, je débouche la bouteille, le bouchon m'échappe et va frapper à bout portant l'œil droit de celui qui aurait pu être mon ami marocain... Mais cette fois, c'est la goutte (de champagne) qui fait déborder le vase, le commandant est persuadé que je l'ai fait exprès. Je viens de me faire un nouvel ennemi !

Un petit tour en Zambie

La bonne marche de la Gécamines et les (bonnes) relations avec les FAZ et la FIA ne nous ont pas fait oublier qu'il manquait toujours six Français à l'appel et que tous les rebelles n'avaient pas regagné l'Angola. Pour avoir la conscience tranquille plutôt qu'autre chose, nous exploitons au cours d'une vaste opération tous les renseignements qui ont pu nous parvenir sur de prétendus otages européens emmenés par les rebelles. Il y a d'abord les déclarations fantaisistes de Belges et d'Africains qui ont « vu » deux, quatre ou six Blancs à bord d'un véhicule qui se dirigeait vers la Zambie. Nous éliminons toutes les pistes qui partaient plein ouest vers l'Angola car elles ont été très surveillées dans les jours qui ont suivi l'attaque, et nous privilégions les pistes sud en direction de la Zambie. Deux compagnies de Marocains sur l'une, deux compagnies de Sénégalais sur l'autre. Après avoir cheminé une matinée avec les Marocains, je prends une piste perpendiculaire pour rejoindre l'axe des Sénégalais. Une fois dessus, j'estime que je suis derrière eux et je fonce pour les rattraper. Une heure après, toujours personne en vue. Dans la forêt, il y a pas mal de rochers et c'est une des zones refuges qu'on m'a signalé comme pouvant abriter des rebelles et leurs otages. Soudain, nous tombons sur un groupe de huttes que nous reconnaissons prudemment (nous ne sommes que trois). Le « village » est abandonné, mais pas depuis longtemps et nous estimons préférable de remonter dans notre Jeep car l'endroit n'est pas rassurant. En faisant demi-tour, nous tombons dans un trou et l'un des pneus est crevé. Nous battons le record du monde de vitesse pour changer de roue...

Un peu plus loin, alors que nous roulons à la rencontre des Sénégalais, nous rencontrons un soldat zaïrois qui est là depuis... mars 1977, c'est à dire la guerre du Shaba précédente ! Il n'a jamais été relevé. Il a été placé là à la frontière nous dit-il, pour donner l'alerte en cas d'infiltration... Nous en déduisons d'abord que nous venons de faire sans le vouloir un petit tour en Zambie. Nous lui demandons s'il a vu des troupes angolaises dans un sens, puis dans l'autre, avec des Blancs ? Visiblement, la solitude lui a tapé sur le système car il n'y a rien à en tirer. Nous lui donnons des rations et l'assurance que nous allons prévenir ses chefs. Il nous demande de leur dire qu'il n'a pas été payé depuis un an… Nous finissons par faire notre jonction avec le bataillon sénégalais qui ratisse notre zone refuge frontalière, mais en vain. En fait, comme les légionnaires en avaient fait l'amère expérience avant notre arrivée, le don que possèdent les Zaïrois pour l'affabulation est réellement extraordinaire. Il ne se passera pas de semaine sans que nous courions la brousse sur la foi d'un renseignement vraisemblable. Mais à part l'arrestation de quelques suspects, nous en serons le plus souvent pour nos frais. C'est encore l'occasion d'avoir un accrochage avec notre commandant marocain qui a fait prisonnier un suspect armé d'un arc et de flèches. J'arrive au moment où il est en train d'être, disons, sérieusement malmené, et je m'aperçois que les partisans du Polisario ne doivent pas être à la fête tous les jours. Comme je suis avec l'inspecteur Kabessa du CND, j'en profite pour soustraire l'archer aux mauvais traitements du commandant sous prétexte d'interrogatoire complémentaire. Pour ne pas être entièrement à la merci des interprètes, nous avons fini par dénicher une méthode de swahéli ou kiswahili et nous apprenons tous les jours quelques mots.

« *Sweet home* » des éléments du GO.

Nous avons maintenant quitté l'Impala qui n'offrait pas suffisamment de sécurité et nous avons trouvé refuge dans la maison des VIP de passage qui nous a été prêtée par l'ingénieur Wala. Avec l'aide de la FIA, nous avons fait de gros travaux pour éviter toute surprise et des dizaines de fûts de 200 litres remplis de sable et placés aux bons endroits nous mettent à l'abri des tirs tendus, des grenades ou des roquettes. De plus, un groupe de combat de la FIA nous garde toutes les nuits, ce qui nous permet de dormir assez tranquillement. Car, en juillet, tout le monde, à l'exception des Européens, est maintenant revenu. Kolwezi, c'est aujourd'hui près de 200 000 habitants, 2 000 FAZ, 500 Marocains, 500 Sénégalais et cinq Français !

L'équipe de France

Mathias, Gaston, Médard, Casimir et Gabin... Pas une dispute en trois mois, quand on connaît les caractères de chacun, c'est une belle performance ! Gaston, c'est notre capitaine qui vient du 2e REP, ce qui a grandement facilité notre coopération avec ce brillant régiment. Médard, c'est notre lieutenant qui arrive du 13e Régiment de Dragons Parachutistes, très intelligent, il s'adapte très bien aux différentes situations, possède une très grande confiance en lui et s'entend particulièrement bien avec Casimir. Ce dernier est le pilier de l'équipe. Si je le laisse derrière moi, il deviendra roi du Shaba ! Il possède l'intelligence des situations. Empirique, il déteste les théories. Costaud, il déteste le sport. Livré à lui-même, il fait des merveilles. A lui tout seul, il a pratiquement fait redémarrer le complexe industriel de la Gécamines ! Les Noirs l'adorent ou le craignent. Il est adjudant-chef mais porte ici les galons de lieutenant. Gabin est notre transmetteur. Il est toujours gai, plein d'humour et a mis au point un numéro d'imitation d'un Marocain en train de parler à la radio du plus haut comique. Il faut dire que les Arabes sont très bavards devant un combiné téléphonique et que j'ai souvent désespéré de pouvoir placer mon message dans un réseau sans cesse saturé par un baratin invraisemblable... Enfin, Mathias (c'est moi) a conservé de son Auvergne natale un tempérament volcanique et une étincelle met facilement le feu aux poudres, prétendent les mauvaises langues.

Le 6 juillet, toute l'équipe est rassemblée pour accueillir les plus hautes autorités du Service Action. D'abord son chef, le colonel Alain de Marolles et son adjoint de Lignières. Ensuite le colonel Franceschi qui commande le 1er RPIMa et le lieutenant-colonel Leblanc qui commande le Groupement opérationnel.

Je les accompagne en avion jusqu'à Lubumbashi car je dois y installer Médard. J'en profite pour voir le délégué général Umba afin de lui dire tout le bien possible des ingénieurs qui ont travaillé sans relâche et sans arrière-pensée pour relancer l'énorme machine. Il me reçoit longuement, ce qui me donne l'occasion de lui parler très franchement du sentiment qu'inspire l'attitude équivoque de la direction face au travail acharné d'ingénieurs comme Wala, Muteba, Kibikiabo et Gaparay...

Le message est passé, mais j'ai bien peur que cela ne change pas grand

Le lieutenant Casimir et son fan club.

chose. Je vais finir, si je m'attarde dans ce pays, par adopter le même fatalisme que la population…

D'un côté, elle nous fait pitié à fouiller dans les poubelles pour trouver de quoi manger. D'un autre côté, elle est toujours prête à se ranger du côté du plus fort et, entre l'arrivée des rebelles et celle du 2e REP, nous savons qu'un certain nombre d'entre eux a ramassé des armes, pillé des maisons et tué des blancs.

La visite de nos chefs a correspondu avec l'annonce de notre départ, fixé au 24 juillet. Nous ne sommes plus que trois. Gaston est à Kinshasa, Médard à Lubumbashi, le 1er RPIMa disperse ses représentants dans un vaste territoire…

Au fond du lac

En attendant, j'ai bien failli me retrouver tout seul à Kolwezi. Le 15 juillet, j'autorise Casimir et Gabin à convoyer une R4 à Lubumbashi au profit de Médard. A pied dans une aussi grande ville, notre ami n'arrive pas à s'en sortir avec les nombreux contacts qu'il doit établir. Le pilote Renard ramènera les deux convoyeurs d'un coup d'aile à Kolwezi à bord du Cessna 310.

Partis par la route à 7 heures, ils ne sont toujours pas de retour à 19 heures et je commence à m'inquiéter sérieusement, car il n'y a qu'un peu plus d'une heure de vol entre les deux villes.

On aperçoit le Cessna 310 jaune à gauche et notre équipe à droite.

Pendant ce temps, sur le lac du barrage de Nzilo, Casimir fait la planche et Gabin l'aide à barboter vers le rivage. Le Cessna 310 est au fond de l'eau, Renard aussi.

Arrivés sans encombres en fin de matinée à Lubumbashi, ils se sont présentés comme convenu au Lido, PC de la FIA. Ils ont déjeuné avec Médard puis sont allés à l'aérodrome où Renard les a pris en compte. Décollage et cap à l'Ouest, au bout de 45 minutes de vol, le pilote leur propose un survol du barrage et du lac. Renard a un vieux complexe vis-à-vis des parachutistes, il sait que nous savons que ses vols de reconnaissance étaient en général « bidon » et que nos sentiments à son égard tendent plus vers le doute que vers l'admiration. Il en souffre et, à cet instant, il veut montrer ce qu'il sait faire. Un virage serré et l'appareil en rase-mottes frôle la surface du lac. Le soleil se couche, il est très bas sur l'horizon et l'avion fonce vers ce disque d'or. Le pare-brise est maculé par les milliers d'insectes qui s'écrasent dessus. Renard voit mal mais continue, par bravade. Soudain, les deux hélices touchent l'eau et les extrémités des pales se tordent sous le choc, le bruit des moteurs devient suraigu…

Le Cessna vient de percuter l'eau et rebondit avant d'amerrir de biais mais, par chance, bien à plat. Il est un peu plus de 17 heures, l'avion est en plein milieu du lac, à 1 600 mètres du bord, et il commence à s'enfoncer.

Pilote et passagers défont rapidement leurs ceintures de sécurité, ouvrent la porte et montent sur les ailes, deux d'un côté, un de l'autre. Renard est prostré, muet… Il n'y a pas de gilet de sauvetage. Casimir et Gabin se déshabillent rapidement et disent à Renard d'en faire autant. Ils se débarrassent de leurs armes et, pendant que l'avion s'enfonce, font des signes aux piroguiers là-bas, sur la rive, à plus d'un kilomètre. Ceux-ci se mettent à l'eau aussitôt. Renard n'a enlevé que ses chaussures et lorsqu'il se retrouve dans l'eau, il a encore sa combinaison, son blouson de vol, son ceinturon et son pistolet.

« Je ne sais pas nager », crie-t-il à cet instant en passant brutalement de la prostration à la panique. Le Cessna se dresse dans l'eau à la verticale et Renard attrape l'antenne de la dérive. Casimir et Gabin l'entourent, essayent de le rassurer.

Pour Casimir, c'est une performance, car non seulement il a horreur du sport, mais en plus il déteste l'eau. A Bayonne, la natation fait partie des tests d'admission et il les a passés de justesse. Tous les lundis, il y a natation obligatoire et Olivier et moi l'avons obligé à participer à ces séances. Alors, l'eau sombre, la nuit qui tombe, les crocodiles, l'avion qui s'enfonce et Renard qui se noie, c'est beaucoup pour un mauvais nageur… Il fait la planche et se force à rester calme.

Pendant ce temps, le pilote se débat contre Gabin, qui est, lui, maître-nageur sauveteur, mais a bien du mal à maintenir hors de l'eau cet homme de plus d'1,85 mètre complètement paniqué. L'avion a maintenant disparu et Gabin a empêché Renard qui s'y cramponnait de disparaître avec lui. Il coule une première fois et Gabin plonge et réussit à le rattraper en le tenant par derrière. Il coule une deuxième fois, engoncé dans son équipement qui l'alourdit et tous deux disparaissent. A bout de forces, Gabin réussit à se dégager et à remonter à la surface mais Renard a disparu… Après avoir un peu récupéré, il replongera plusieurs fois, mais la visibilité est nulle, l'eau est trouble et profonde, la nuit est tombée et il vaut mieux s'occuper de Casimir qui fait la planche le plus calmement possible.

Dix minutes plus tard, les piroguiers sont là et nos deux parachutistes montent à bord et leur demandent de mouiller une bouée faite d'une pierre, d'un bidon et d'une corde afin de marquer l'emplacement. Les piroguiers mettent le cap sur le pont de la Lualaba où ils parviennent 45 minutes plus tard. Accueillis et vêtus par les FAZ qui gardent le pont, ils font ensuite du stop pour regagner Kolwezi, où ils arrivent vers 19 heures 30…

A l'issue de l'opération *Leopard*, le président Giscard d'Estaing effectue une visite officielle au Zaïre.

Pour Casimir et Gabin, les ennuis sont terminés, mais pour moi, ils commencent…

« *Comment se fait-il que des parachutistes français en service dans les forces royales marocaines aient provoqué la mort d'un mercenaire belge et la perte d'un avion zaïrois ? Répondez, commandant Mathias !* » me disent les FAZ en me réclamant un compte-rendu circonstancié.

Deux semaines plus tard, Renard refait surface et il est enterré en même temps que cette affaire. Quelques mois plus tard, l'avion est renfloué et la présence d'armes étrangères à l'intérieur de la carlingue donne le signal de bien des supputations, mais le dossier est officiellement clos par la présidence.

Dix jours plus tard, le 24 juillet, nous prenons congé du citoyen Wala, du commandant Mahele, de l'inspecteur Kabessa et des officiers de la FAI. Les responsables des FAZ nous voient partir avec soulagement. Nous sommes restés jusqu'au bout les empêcheurs de piller en rond, contribuant ainsi à la baisse substantielle de leurs revenus…

L'Impala est vide. Dans le jardin, l'herbe a poussé. Les bougainvillées et

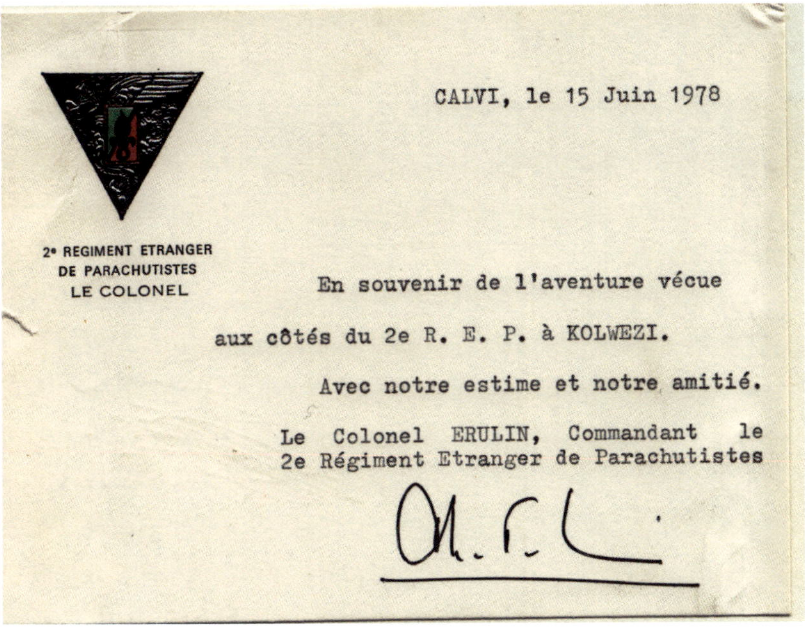

2e REGIMENT ETRANGER
DE PARACHUTISTES
LE COLONEL

CALVI, le 15 Juin 1978

En souvenir de l'aventure vécue aux côtés du 2e R. E. P. à KOLWEZI.

Avec notre estime et notre amitié.

Le Colonel ERULIN, Commandant le 2e Régiment Etranger de Parachutistes

Le colonel Erulin a envoyé une plaque souvenir à notre équipe et Pierre Sergent nous a fait cadeau de son livre *La Légion saute sur Kolwezi*.

les jacarandas sont en fleurs à côté des grands caoutchoutiers. Les murs du motel conservent le secret du jour où les coopérants ont été arrachés à leurs chambres et abattus dehors. Les avenues fleuries sont vides, comme les villas aux grilles défoncées. Aux limites de la ville, nous passons sous un portique sur lequel est inscrit : « *La ville de Kolwezi vous souhaite un bon retour* »…

La petite gare ressemble à un jouet d'enfant avec sa locomotive et ses wagons. L'aérodrome porte encore les traces de l'attaque avec ses flaques de magnésium aux emplacements des hélicoptères incendiés et les épaves des chasseurs Macchi, où des enfants assis sur les restes des sièges éjectables rêvent de s'envoler pour d'autres cieux. Depuis le Transall qui s'éloigne, j'aperçois les immenses mines à ciel ouvert où la malachite se ramasse à la pelle. Les camions de 100 tonnes y paraissent minuscules… Tout est relatif dans ce vaste monde.

Kolwezi a disparu au loin. J'ouvre la lettre que Kabinda Nguzu, le plus jeune et le plus performant de nos informateurs m'a remis au moment du départ : « *Bien cher Commandant, A l'occasion de notre séparation, recevez mes remerciements anticipés et que le tout-puissant vous donne une longue vie. Si longue soit la nuit, le jour viendra…* »

Opération Quadrille

Un archipel et des parfums

(Comores septembre-novembre 1978)

Le 13 mai 1978, Bob Denard et ses 50 mercenaires débarquent aux Comores, renversent Ali Soilih, le président du moment. Son attention monopolisée par l'attaque des Katangais à Kolwezi, la France ne réagit pas à ce débarquement, d'autant moins que le président renversé se trouve être un redoutable despote envers sa population.

Quelques mois plus tard, alors que le 1er RPIMa célèbre la Saint-Michel 1978, un ordre soudain, comminatoire et sans aucun préavis, déclenche le départ sur les chapeaux des hélices d'un détachement du GO en direction d'un archipel paradisiaque. Sa mission : chasser les mercenaires des Comores et installer un commandement provisoire des forces

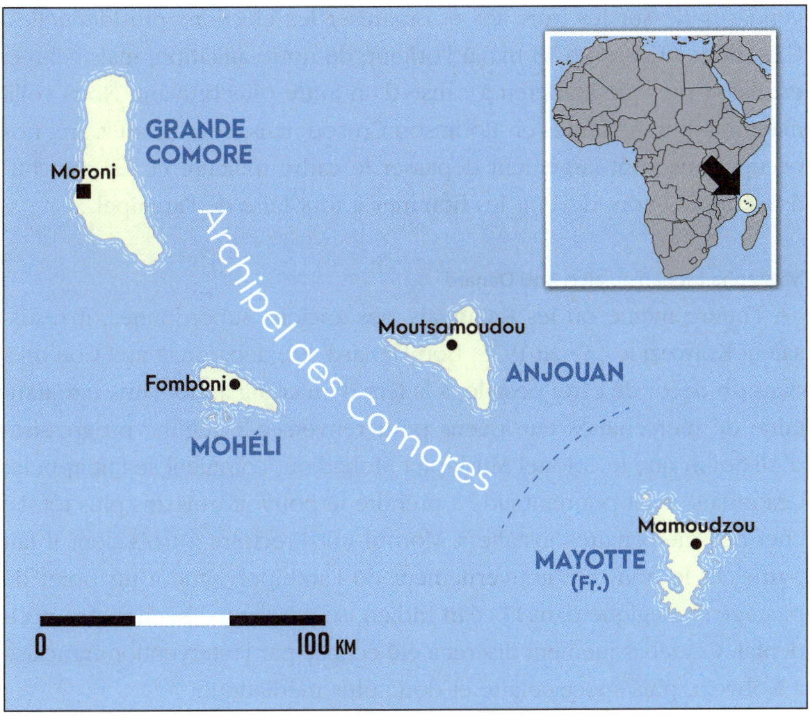

Archipel des Comores.

Bob Denard aux Comores après le débarquement des mercenaires.

armées comoriennes en attendant la mise en place d'une coopération militaire française officielle. Il va lui falloir successivement assurer la transmission des pouvoirs avec les « techniciens », encadrer l'armée et la gendarmerie sur les trois îles et organiser les élections présidentielles. C'est donc encore un 13 mai à l'origine de notre agitation, mais celui-ci est passé presque inaperçu à cause d'un autre plus bruyant. Nous voilà maintenant transformés en Robinson Crusoé mais, comme au Zaïre, nos occupations vont largement dépasser le cadre militaire et les parachutistes du GO vont devenir les hommes à tout faire de l'archipel...

Mustapha Mohadjou alias Bob Denard

A l'heure même où les Katangais, ses anciens subordonnés, investissaient Kolwezi le 13 mai 1978, Bob Denard, lui, débarquait aux Comores dans un décor de carte postale, à la tête d'un commando d'une cinquantaine de mercenaires européens pour renverser le régime progressiste d'Ali Soilih que le colonel Mustapha Mohadjou, comme il se fait appeler désormais, avait pourtant aidé à prendre le pouvoir trois ans plus tôt. Le chef des mercenaires installe à Moroni un directoire à trois dont il fait partie. Et le nouveau gouvernement de l'archipel, situé à un point de passage stratégique dans l'océan Indien, se proclame libéral et pro-occidental. Ce débarquement discret a été éclipsé par l'intervention française à Kolwezi, plus spectaculaire et donc plus médiatique.

Rentré du Zaïre à la fin du mois de juillet, après quelques jours passés à Kinshasa, j'ai eu la chance de pouvoir partir en permission au mois d'août, ce qui m'a permis de prouver aux enfants que j'existais encore. En septembre, alors que nous nous apprêtons à fêter la Saint-Michel, à dire au revoir aux colonels Franceschi et Leblanc et à accueillir leurs successeurs, les colonels Briançon-Rouge et Lorblanches, l'ordre nous est donné de partir immédiatement dans l'océan Indien afin de chasser les mercenaires des Comores et d'installer un commandement provisoire des forces armées en attendant la mise en place d'une coopération militaire française officielle.

Un détachement précurseur est mis en route dès le lendemain 30 septembre avec le lieutenant-colonel Norlain et le lieutenant-colonel Lorblanches. J'emmène le gros du détachement huit jours plus tard.

Une escale pour souffler… dans un ballon !

Nous décollons de Roissy sans encombres ni trompettes à bord d'un DC 8 militaire le 7 octobre vers 17 heures. Nous longeons l'Italie, la Crète et l'Arabie Saoudite avant de faire une escale d'une heure dans la toute jeune république de Djibouti. A 3 heures du matin, il fait tout de même 30°. Puis, nous redécollons pour l'île de la Réunion où nous atterrissons à 10 heures du matin. Le lieutenant-colonel Norlain nous accueille et m'emmène dans la foulée faire le tour de l'île qu'il connaît particulièrement bien pour y avoir été déjà affecté. Les gendarmes nous arrêtent pour nous faire souffler dans le ballon. A une heure aussi matinale, j'espère que les Réunionnais n'ont pas pour habitude de siroter du rhum !

Quatre étoiles pour un drapeau

Couchés très tard en raison d'une délicieuse soupe chinoise et levés avant l'aube en raison d'un Transall très matinal, nous décollons un peu après 4 heures du matin le lundi 9 octobre de l'aéroport de Saint-Denis. Après avoir survolé Madagascar, nous arrivons en vue de l'archipel des Comores quatre heures plus tard. Comme il y a au minimum 100 kilomètres entre chacune des quatre îles qui le composent, il n'y a aucun risque de les embrasser d'un seul coup d'œil.

A 500 kilomètres de Madagascar, on tombe d'abord sur Mayotte qui est restée française et dispose d'un statut particulier. En poursuivant notre route vers le nord-ouest, on survole ensuite Anjouan, une île triangulaire avec un relief très montagneux, puis Mohéli, la plus petite, la plus plate et la moins peuplée des quatre îles. Enfin, toujours au même cap, nous arrivons à la Grande Comore, l'île la plus étendue de l'archipel, sensiblement de la taille de la Martinique. Nous abordons l'île par l'ouest et apercevons le volcan Khartala qui culmine à 2 400 mètres et se trouve toujours en activité. L'aéroport international de Hahaya est obstrué volontairement par les mercenaires et nous évoluons vers l'ancienne piste de Moroni, la capitale, mal pavée mais à l'approche spectaculaire au-dessus du port et de la grande mosquée.

Notre débarquement est nettement moins grandiose, car le Dodge 4 x 4 que nous a prêté le commandant supérieur de la Réunion refuse obstinément de démarrer, et c'est en le poussant que nous foulons le sol de la grande île. Nous étions venus pour faire peur et nous commençons par faire rire, car tous les mercenaires sont là pour nous accueillir.

Le mercenaire, le « Crabe-Tambour » et le maoïste

Nous voilà donc à pied d'œuvre. La première opération à réaliser est la transmission de pouvoir des mains des mercenaires, ensuite, nous encadrerons l'armée et la gendarmerie en attendant l'arrivée de la coopération prévue pour le mois de décembre. Il faut aller vite, la cohabitation avec les mercenaires n'étant pas souhaitable. Le détachement précurseur de Milord n'a pas chômé, il faut dire que l'homme est très expérimenté et que les mercenaires, qu'on appelle ici les techniciens, étaient

Le pouvoir passe des mercenaires aux parachutistes.

très organisés et beaucoup moins folkloriques qu'on ne l'imaginait. Ils ont d'ailleurs à cœur de nous passer les consignes les plus « carrées » possibles. Dès notre arrivée, les chefs disparaissent, après avoir toutefois obtenu réparation financière, en particulier un dédommagement versé en liquide pour l'affrètement du cargo *L'Antinéa* qui a permis le débarquement dans la nuit du 12 au 13 mai 1978 et dont le commandant n'est autre que le lieutenant de vaisseau Guillaume, dit le « Crabe-Tambour ». Exit Bob Denard et Guillaume…

Casernements, effectifs, soldes, armement, équipements, munitions, ravitaillements, santé et bien sûr, les soldats, tout est passé au crible ! La prise en compte d'une organisation militaire constitue une expérience originale. Mais elle se déroule dans un climat très favorable, car les techniciens ne nous sont pas hostiles et nous sommes très bien accueillis par la population. Visiblement, le retour de la coopération française est souhaité avec impatience et chacun en attend un renouveau de la vie aux Comores.

Il faut dire que tout a été saccagé et désorganisé pendant les trois années du régime d'Ali Soilih. Mis en place également par Bob Denard, Ali Soilih avait commencé par s'entourer de gardes du corps style « tontons macoutes ». Grand admirateur de Mao et influencé par son séjour à Paris en mai 68, il s'était ensuite rapproché de la Tanzanie et avait prescrit d'étranges réformes administratives et agraires, distribuant des milliers de pelles, de bêches et de fourches, supprimant l'état-civil, la scolarité et multipliant les maisons populaires. Toute la population était aux champs ! Très vite, ce fut l'anarchie et l'économie fragile de ce petit pays plongea dans la misère. Le mécontentement populaire grandit et Ali Soilih fut finalement renversé par le même Bob Denard, avant d'être abattu à la fin du mois de mai lors d'une tentative de fuite. Ce sera le seul sang versé au cours de ce coup d'état. Ali Soilih ne sera regretté par personne et surtout pas par les opposants qu'il avait pour habitude d'enfermer dans des citernes.

Le nouveau président, Ahmed Abdallah, veut maintenant asseoir son autorité, ce qui passe, bien sûr, par le contrôle de l'armée. On peut se demander pourquoi le premier souci des dirigeants est de constituer une armée alors que le pays est très pauvre, que les écoles sont fermées depuis trois ans, que les hôpitaux n'ont pas de médicaments et que les finances et l'administration sont inexistantes, mais cette question ne comporte pas de réponse. D'ailleurs, les gens ne paraissent pas très malheureux, ils ne sont pas gourmands, ni très travailleurs. Les hommes sont plutôt pacifiques, même s'ils aiment les uniformes et adorent saluer et défiler. Le paysage est splendide, le climat agréable et la vie ne pose pas de gros problèmes Une chose est certaine : tout le monde est ravi de voir arriver les Français, même s'ils ne nous trouvent pas bien nombreux (nous ne sommes qu'une quinzaine).

Le plus grand cratère du monde

L'île de la Grande Comore est la plus vaste de l'archipel. Elle mesure 80 kilomètres de long sur 30 de large et compte environ 155 000 habitants. La vie s'organise autour de son énorme volcan dont le cratère a plus de trois kilomètres de large.

Le premier cercle se compose d'une grande forêt tropicale dense, le deuxième des cultures et le troisième d'une ceinture de cocoteraies.

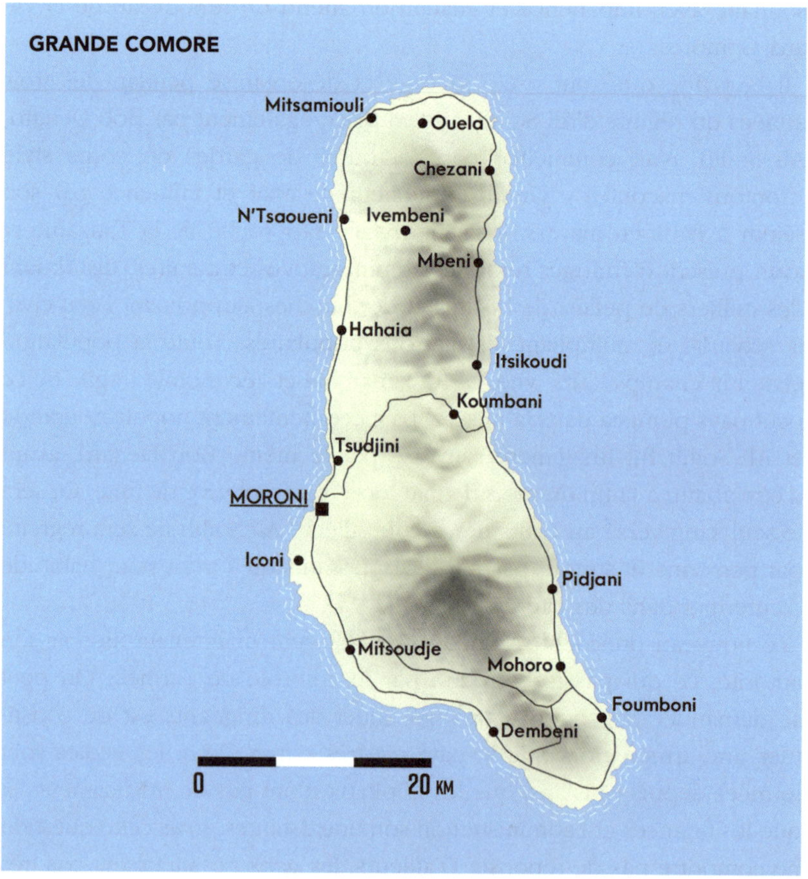

Carte de la Grande Comore.

Insigne de Béret vert de la garde présidentielle des Comores.

C'est la plus jeune des quatre îles et son sol est constitué, pour la plus grande partie, d'une croûte de lave noire. Le Karthala est toujours en activité et une immense coulée de lave, provenant d'une récente éruption (avril 1977), a coupé la route circulaire et détruit le village de Singani. Il y a toujours des nuages au-dessus du cratère et on ne sait jamais s'il s'agit de nuées ou de fumées. Les principales cultures sont celles des plantes à parfum et de la vanille. Les Comores méritent bien leur nom d'archipel aux parfums, essentiellement l'ylang-ylang, mais aussi le jasmin, la vanille, la citronnelle, le patchouli, la cannelle et autres tubéreuses, lemon-grass, girofle, bigaradier, palma rose etc. Autant de mots qui évoquent l'exotisme et la beauté des îles.

Il paraît que c'est sur la côte est que les premiers surfeurs ont fait leur apparition il y a plusieurs siècles et que des récits de voyageurs décrivent les prouesses aquatiques des Comoriens. Il y a effectivement de beaux rouleaux, mais les rochers sont si nombreux que les blessés ne devaient pas manquer, à moins que ces roches ne proviennent d'éruptions récentes. Seule Mayotte dispose d'un lagon protégé par une ceinture de récifs de corail. La faune sous-marine est très riche et très variée avec des thons, des requins, des barracudas, des carangues et des mérous. Dans les grands fonds, c'est le seul endroit du monde où se trouvent encore les fameux cœlacanthes. Sur terre, on aperçoit partout des cabris, quelques cochons sauvages, des pigeons et des pintades. Le soir, il y a des milliers de roussettes suspendues à l'envers aux branches des arbres. Par bonheur, il n'y a pas un seul reptile sur l'île.

Moroni, la capitale, abrite environ 15 000 habitants. Il y a deux endroits animés et hauts en couleurs, le marché et le port. Le marché est un lieu de rencontre particulièrement pittoresque où se côtoient les gens, les couleurs et les odeurs. On y vend du manioc, des patates douces, des bananes, des avocats, des ananas, des noix de coco et du poisson.

Il est surtout fréquenté par les femmes vêtues d'étoffes bigarrées et parfois fardées avec de la poudre de corail qui constitue le masque de beauté local. On ne peut pas dire que l'odeur dominante soit celle de l'ylang-ylang, ce serait plutôt celle du poisson séché. Sur le port, la blancheur des bâtiments s'oppose au bleu de la mer. Boutres et pirogues se balancent au mouillage. En dehors du marché, pas de femmes à l'horizon, il n'y a ici que des hommes qui se partagent entre la pêche et la mosquée, le bonnet blanc vissé sur la tête. En ville, on trouve quelques artisans, ébénistes ou bijoutiers, qui travaillent avec habileté et finesse le palissandre et l'or.

Le Club Med des GO

C'est la fin de la saison sèche et nous entrons dans la saison humide et chaude. Voilà donc notre point de chute, presque paradisiaque. Des cocotiers partout, des pirogues à balanciers sur la mer et des poissons dessous, des habitants paisibles et agréables, moins actifs que le volcan qui les domine, pas d'industrie et peu de besoins, à part l'eau qu'il faut retenir dans des citernes. En ce moment, l'anarchie règne encore, mais sans agressivité ni corruption. On n'entrevoit pas de catastrophes majeures à l'horizon mais simplement des problèmes de structures, d'administration, de liaisons entre les îles et de… finances. Tous ces problèmes, nous essayons de les poser en attendant de les résoudre. Nous travaillons davantage pour nos successeurs qui auront, nous l'espérons, plus de moyens que nous, en essayant de rétablir des structures solides et fiables. Cela passe par des contacts assez peu habituels puisque nos interlocuteurs quotidiens sont le président et ses ministres. Le colonel Norlain est le chef des armées et j'en suis le chef d'état-major ! Une expérience unique dans un cadre enchanteur.

Chargé d'affaires ou de ne rien faire ?

À propos de cadre, le détachement s'installe à l'hôtel Itsandra, un établissement public situé au bord de la mer, dans un site idyllique. Nous y resterons jusqu'à la fin du mois d'octobre car le chargé d'affaires français se noie dans un verre d'eau et se montre incapable de résoudre le moindre problème matériel. Rien n'est jamais résolu, tout est traité avec une lenteur calculée. Ce représentant est vraiment une honte pour notre pays. Même le ministre des Affaires étrangères comorien finit par s'en émouvoir et par le critiquer. Nous traitons donc directement avec les Comoriens sans passer par notre chargé d'affaires, qui a malheureusement besoin de nous pour envoyer ses messages au Quai d'Orsay, des pages et des pages de laïus inconsistant, au point que nous finissons par lui dire de réduire sa prose car notre radio n'a pas que cela à transmettre. Nous voulons surtout garantir à nos successeurs des conditions d'hébergement satisfaisantes en remettant en état des logements de célibataires et des maisons individuelles. L'état-major a été installé par les techniciens dans un immeuble fonctionnel du centre ville et le mess est un splendide bâtiment colonial fraîchement repeint et décoré. Nous prenons en compte toutes les forces armées à l'exception de la garde présidentielle qui reste entre les mains des mercenaires. Ce sera à l'évidence une source de conflits et de problèmes, à commencer par le partage des ressources, des matériels et des crédits entre les deux entités, même s'il ne s'agit que d'un partage des restes. Notre chef de mission identifie parfaitement le problème dès le début et tire à Paris toutes les sonnettes d'alarme : tant que la garde présidentielle sera dans des mains étrangères, les problèmes subsisteront. Rien n'y fait ! Par faiblesse plutôt que par aveuglement, aucune solution autoritaire ne sera retenue par le gouvernement français. Le partage des questions de sécurité intérieure et extérieure aura fait du moins l'objet d'une étude très sérieuse par le détachement et un équilibre sera trouvé. Mais tout ce qui n'était pas pris par les uns était absorbé par les autres et, au départ du détachement, les coopérants ne surent pas rester fermes sur les positions acquises. Par deux fois, la France dut intervenir avec de gros moyens et le maintien de cette garde présidentielle eut pour seul résultat de coûter la vie du président alors que son unique objet était normalement de la lui conserver. Dans l'immédiat, il s'agit aussi pour nous d'être présents sur chacune des îles, c'est pourquoi nous installons sans tarder un Robinson Crusoé à Anjouan et un autre à Mohéli. Le capitaine Patrick et le lieutenant Dimitri ne sont pas prêts de retrouver un commandement pareil.

La résidence du gouverneur pour un lieutenant

Nous commençons par Mohéli, plus facile d'accès, où nous intronisons Dimitri roi de l'île. C'est la plus petite des Comores avec 300 kilomètres carrés et 30 000 habitants. Avec ses nombreuses rivières, elle est plus cultivable que la grande Comore. Ici la végétation est luxuriante et le temps prend ses aises. « *Le gouverneur se déplaçait autrefois à dos d'âne, nous apprend Jean-Claude Pomonti du journal* Le Monde, *après sa visite à Mohéli. Il y a aujourd'hui une vingtaine de voitures et bien peu de chaussée goudronnée. L'aérodrome de Fomboni, la capitale de l'île, est en bordure de plage, dans un paysage qui fait rêver. D'un petit promontoire qui domine la plage de Nioumachoa, le regard se perd sur une multitude d'îlots, habités par des chèvres sauvages, et sur des monts volcaniques. Dans les locaux désaffectés d'une ancienne école primaire, s'empilent des sacs de coprah. Si la récolte est fidèle, le bateau ne l'est pas.* »

Dans une cocoteraie plus éloignée, les volets d'une mourdiria, ces fameux bâtiments administratifs et populaires construits par Ali Soilih pour le peuple et par le peuple, sont fermés. On ne sait que faire de ces maisons six mois après la chute du régime. L'ancienne résidence du gouverneur sert depuis le coup d'état de mess pour les officiers mercenaires, c'est là que s'installe notre représentant dans un site magnifique et un confort relatif, car c'est un groupe électrogène qui alimente un maigre circuit électrique.

C'est dans ce paysage merveilleux, au milieu de ces gens tranquilles, que les commandos Moissy, la police politique d'Ali Soilih faisaient régner l'ordre, c'est-à-dire la terreur.

Tout cela n'est plus qu'un mauvais souvenir et nous relevons aujourd'hui les cinq techniciens aux ordres de Jean-Louis, un ancien médecin-capitaine de parachutistes reconverti dans le mercenariat. Dimitri fait des envieux, sa résidence est belle, mais c'est une prison dorée, une sorte de Longwood à Sainte-Hélène sans les Anglais.

Il ne sera pourtant pas entièrement à l'abri des mauvaises surprises et vivra une bien curieuse aventure.

Installé depuis quelques mois sur son île, Dimitri devenu le « Roi de Mohéli » est responsable de l'armée et de la gendarmerie. Sous son palmier, il lui arrive aussi de rendre la justice pour des délits mineurs. Heureusement il sait garder les pieds sur terre, ce qui va lui être très utile ! Un beau jour, il reçoit un message radio lui prescrivant de réceptionner un ancien sbire d'Ali Soilih pour l'incarcérer à Fomboni. Il convoque aussitôt ses gendarmes et leur donne l'ordre de récupérer le détenu dès l'arrivée du bateau. Mais cette nouvelle n'a pas vraiment l'air de les réjouir et ils expliquent alors que l'individu en question a tyrannisé la population de Mohéli aussi craignent-ils qu'il ne soit lynché. Le jour venu, les gendarmes sont donc au débarcadère et peu de temps après, Dimitri voit arriver en courant un de ses hommes, qui, en gesticulant, peine à reprendre son souffle et lui rend compte : des centaines de gens armés de machettes et de bâtons veulent massacrer l'ancien

Soilih et les quatre gendarmes envoyés ont bien du mal à protéger leur prisonnier face à cette horde qui hurle sa haine et risque de déborder les gendarmes. Il essaie en vain de les rassurer et songe d'abord à les renforcer par une section complète en armes. Il y renonce car, à la réflexion, il craint que la section ne maîtrise pas l'usage des armes à feu comme savent le faire nos gendarmes mobiles. Il décide alors de se rendre sur place, seul, car pour la population, il incarne l'autorité et la loi. Accompagné de son gendarme pas rassuré du tout, il rejoint le débarcadère au milieu des cris et des « youyou ». La situation paraissant critique, il va leur imposer le silence et les haranguer. Montant sur une barque renversée, il s'empare du sifflet d'un des gendarmes et siffle de toutes ses forces. Aussitôt, le silence s'installe et du haut de son piédestal, il improvise un bref discours : *« Vous me connaissez tous et vous savez que vous pouvez me faire confiance.* [Applaudissements de la foule] *Cet individu est un bandit qui vous a fait souffrir et il est normal qu'il soit puni.* [Tonnerre d'applaudissements]. *J'ai donc décidé qu'il nettoierait Fomboni tous les jours de la semaine, escorté par nos gendarmes. Vous pourrez l'insulter et l'injurier autant que vous voulez mais sans jamais le toucher. Sa peine commence dès maintenant, Messieurs faites le descendre du bateau. »*

Devant l'hésitation des gendarmes, car ce moment est délicat, Dimitri les houspille et une barque amène le détenu sous les huées de la foule. Les gendarmes l'escortent alors jusqu'au camp sans incident particulier. Là, il est aussitôt armé d'un balai et d'une brouette afin de commencer à purger sa peine sans délai. La foule se disperse et jalonne l'itinéraire emprunté par l'équipe de nettoyage et durant toute cette première journée, il est hué, insulté et parfois même un peu bousculé. Le soir, il est reconduit au camp en larmes, complètement défait. Il demande à voir Dimitri et implore son pardon, ce qui lui est refusé en lui précisant qu'il peut déjà s'estimer heureux d'avoir eu la vie sauve grâce à lui. Les jours suivants se passent sans incident et petit à petit, les habitants de Mohéli finissent par l'ignorer, et certains commencent même à éprouver de la compassion pour lui. C'est pourquoi au bout de quelque temps, il est cantonné au seul nettoyage du camp militaire et de ses abords. Le « Roi » a su faire preuve de clémence…

La Perle des Comores

90 kilomètres plus loin apparaît le triangle d'Anjouan, l'île du président ! On l'appelle la « Perle des Comores » à cause de la beauté de son

relief. Du sommet du mont N'tingui qui culmine à plus de 1500 mètres, on peut apercevoir les trois îles sœurs. L'atterrissage sur l'aérodrome d'Anjouan est particulièrement impressionnant, car en bout de piste, la montagne interdit toute évolution. On atterrit face à elle et on décolle dans l'autre sens. Si on se pose « trop long », on percute la montagne ! L'eau y coule en abondance et la végétation est luxuriante, les cultures vivrières intensives. C'est pourquoi 110 000 habitants peuplent les 400 kilomètres carrés de l'île. Ils n'ont pas l'air malheureux et mangent en abondance du riz, des bananes et du poisson. Ils cultivent toutes les plantes aromatiques.

Comme Madagascar, Anjouan est un ancien bastion de la puissance britannique dans le canal de Mozambique avant que les Anglais ne s'en

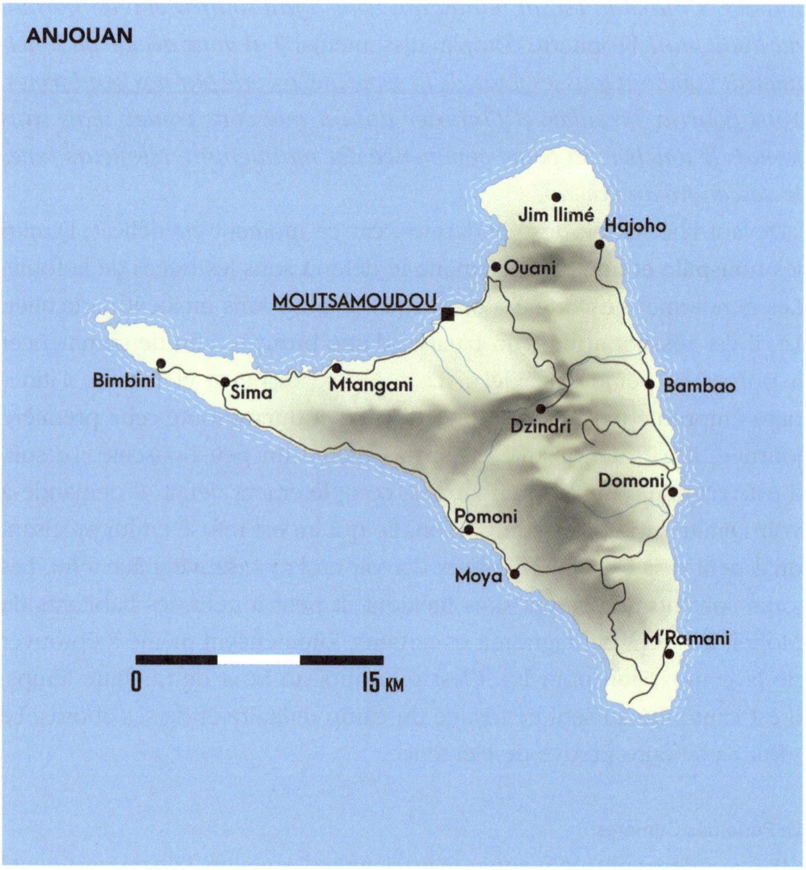

Carte de l'ile d'Anjouan.

désintéressent après l'ouverture du canal de Suez. Les Arabes les avaient précédés, les Français les suivirent. Comme en témoigne la citadelle qui domine Mutsamudu, la capitale, où les vieux canons rouillés que l'on peut voir aux créneaux sont, les uns fleurdelisés, les autres gravés de la couronne britannique. C'est maintenant le royaume de Patrick.

Le programme et l'ordre du jour

Si la survie est assurée pour les habitants de toutes ces îles, les caisses de la République, en revanche, sont vides. Le président renversé, ayant eu la bonne idée de faire table rase du passé colonialiste, a tout simplement dissout la fonction publique et brûlé toutes les archives, état-civil etc. Le résultat n'est pas brillant et il y a beaucoup de travail.

Nous essayons de convaincre le président que, si des accords de défense sont signés avec la France, il n'aura pas besoin d'une armée trop nombreuse et qu'il y a d'autres choses plus urgentes sur le plan économique, social ou sanitaire. Mais le prestige de l'uniforme a l'air solidement ancré sous les tropiques et diminuer les effectifs augmenterait le nombre des chômeurs, bien que chômer, ici, ne nous paraisse pas dramatique. Travailler non plus d'ailleurs, et on ne peut pas dire que nos conditions de vie soient particulièrement pénibles. Comme je l'ai déjà évoqué, nous sommes logés dans un hôtel d'État au bord de la mer sous les cocotiers. Toutes les maisons individuelles ont été pillées (c'est une situation que nous commençons à bien connaître). Nous prenons nos repas au mess. Notre programme est le suivant : réveil à 6 heures, puis cross, baignade et petit déjeuner. Travail de 8 heures à 12 heures, suivi du déjeuner à 12 heures 30 et re-travail de 15 heures à 17 heures. Dîner à 19 heures 30. Il fait maintenant très chaud et humide, la sieste, que je snobais au début, devient maintenant indispensable, car au milieu de la journée, on est complètement vidé. Il commence déjà à pleuvoir et il fait nuit à 6 heures.

Nos troupes sont disciplinées à souhait et adorent se mettre au garde-à-vous. Ce sont les seuls fonctionnaires à être payés et nous allons donc avoir bien du mal à diminuer les effectifs ! L'ordre du jour n°1 des forces armées des Comores, signé du lieutenant-colonel Norlain le 16 octobre 1978, stimule les bonnes volontés !

« Les Forces armées de la République fédérale islamique des Comores ont désormais à leurs côtés des Cadres de la coopération militaire française. Désigné par le président comme chef d'état-major des Forces, j'adresse mes meilleurs vœux à la jeune armée comorienne. J'engage tous ses

membres à travailler avec ténacité et constance pour améliorer leur qualification personnelle et la cohésion de l'ensemble des Forces. Qu'ils n'oublient pas que l'Armée est issue de la Nation. Vouée à la préservation de la sécurité extérieure, pour les forces terrestres, et à celle des personnes, pour la Gendarmerie, l'Armée doit trouver sa force dans l'adhésion du peuple tout entier. Chacun des militaires, quel que soit son grade ou son poste, doit s'attacher à rester en contact avec les réalités de la vie du peuple comorien. La route ne sera pas toujours facile mais je compte sur vous pour ne pas vous laisser détourner des idéaux élevés qui doivent guider vos actions. Agissez toujours avec rigueur et conscience professionnelle. Courage et bonne chance. »

Nos journées sont ponctuées par les prières, cinq par jour, aurore, midi, après-midi, crépuscule et soir, car tous les habitants sont musulmans. Il y a à peu près 200 mosquées par île, presque toutes équipées d'un haut-parleur ! Le vendredi à 11 heures, c'est la grande prière et tout s'arrête, même nous. C'est devenu notre dimanche.

Lac salé et trou du prophète

Les paysages sont vraiment magnifiques et le tourisme pourrait devenir une véritable industrie si ce n'était si loin de l'Europe. Pour fêter la renaissance des forces armées, nous avons fait un peu de tourisme, un peu seulement, car l'essence est très rare et nous sommes obligés de limiter nos déplacements. Nous nous sommes baignés dans un lagon où l'eau était très claire et les fonds poissonneux. Malheureusement, nous n'avons pas de masques et il y a toujours beaucoup de vent. Puis nous avons visité le lac Salé qui est tout simplement le cratère d'un petit volcan rempli d'eau. Mais la tradition orale est plus bavarde. Elle rapporte qu'un voyageur étranger en odeur de sainteté (peu de chance qu'il appartienne au 1er RPIMa) se serait vu refuser ici l'hospitalité des villageois. Alors, après son départ, la terre s'est ouverte, engloutissant le village et ses habitants. Le lac Salé, dont les eaux sulfureuses tranchent avec celles de la mer, communique, croit-on, avec celle-ci, bien que les surfaces ne soient pas au même niveau. Chose étrange, lorsqu'on jette une pierre dans ce lac, on ne perçoit aucun son.

Nous allons jusqu'à Mitsamiouli admirer la plage et ramasser quelques porcelaines sous le regard amusé d'un lémurien, sorte de singe avec un museau de renard. Sur la route du retour nous voyons beaucoup de baobabs qui nous paraissent particulièrement inélégants et déplacés dans ce paysage marin. Nous marquons un petit temps d'arrêt au trou du prophète, ancien refuge des boutres en période de mousson.

Un scrutin sans surprise

Ce même 16 octobre, un avion s'est posé à Moroni, chargé uniquement des enveloppes et des bulletins de vote prévus pour les élections présidentielles. A plus d'un million de centimes l'heure de vol d'un avion-cargo, voilà une dépense qui intéresserait les contribuables français. Il est vrai que la démocratie n'a pas de prix. D'autant qu'un autre avion spécial est prévu pour la livraison de quelques exemplaires de la Constitution comorienne qui est l'œuvre de madame Alliot-Marie.

A 8 heures 30, le colonel et moi avons eu un nouveau rendez-vous avec le président. Nous en sortons plutôt déçus : il s'est très longuement étendu sur les maux d'estomac dont il souffrait et n'a pratiquement pas répondu à nos questions. Nous avons alors poursuivi notre inlassable recherche de logements pour les futurs coopérants et tenté de mettre dans le coup nos deux chargés d'affaires français. Hélas, ils nous ont paru encore moins capables que les militaires de prendre des décisions sans en référer à Paris. Alors, après la relecture de l'ordre du jour devant les troupes rassemblées, nous sommes allés récupérer les bulletins de vote à l'aérodrome. Puis, toujours avec le colonel Norlain, nous sommes allés inspecter la gendarmerie qui nous a reçus en grand tralala. Il paraît que des vrais gendarmes venus de France ne vont pas tarder à arriver et je suis curieux de voir leurs réactions quand ils vont constater que 14 ou 15 personnes voyagent dans une voiture conçue pour cinq.

A l'approche des élections, les journalistes commencent à arriver sur l'île. Ces élections présidentielles s'annoncent d'ailleurs très calmes et sans surprise. Nous en assurons la sécurité et les liaisons entre les îles. Mais Paris ne nous a pas donné un centime et nous devons nous débrouiller avec les moyens du bord. Une fois de plus, Casimir fait merveille.

Abdallah à la barre

C'est le dimanche 22 octobre qu'ont lieu les élections présidentielles. Comme nous sommes chargés de la transmission des résultats, nous sommes tous au travail. D'ailleurs, comme je l'ai déjà évoqué, notre dimanche, c'est le vendredi ! Cette campagne ne manque pas de saveur, avec des affiches portant le slogan : « *Abdallah à la barre !* » De toute façon, il n'y a qu'un seul candidat, ce qui diminue considérablement le suspense. Mercredi aura lieu l'investiture du président avec une grande cérémonie militaire. Le ministre de la Défense est très ennuyé parce qu'à cette occasion, le président veut entendre 21 coups de canon. Or, nous n'avons pas de canon ! Nous lui avons promis malgré tout ses 21 coups, sans préciser de quoi, et nous faisons des essais avec de l'explosif et des grenades. A l'issue de la cérémonie, le colonel Norlain et moi sommes conviés à un sirop d'honneur par le gouvernement : les Comoriens, tous musulmans, ne boivent jamais d'alcool.

Mis à part ces élections, nous poursuivons la mise sur pied des forces. Les Comoriens sont des gens paisibles, pas agressifs pour un sou, qui n'ont aucune envie, ni aucune raison, de se fatiguer à travailler et nous avons un peu l'impression que les « civilisateurs » que nous sommes leur apportent plus de besoins que de bienfaits. Ainsi, la veille des élections, j'attendais à l'aéroport un chargé d'affaire de la Coopération, qui a fait au président un cours de droit que personne ne lui demandait. Ancien gouverneur de Mohéli, particulièrement satisfait de lui, il a eu l'air très surpris que nous soyons parfaitement d'accord avec lui pour ne pas accorder aux forces armées une part prépondérante du budget. Il est évident qu'il y a bien d'autres priorités, ne seraient-ce que la santé et l'enseignement. Pour le reste, les Comoriens ont l'air très heureux sur leur archipel. Ils ont beaucoup souffert sous le régime d'Ali Soilih, mais sont restés très dignes.

Le 18, nous avons reçu une délégation d'anciens combattants venus apporter leur soutien à notre action et ils nous ont raconté les évènements des années passées. Les îles sont très belles, la mer est poissonneuse, le climat est agréable – un peu chaud à mon goût – quelques bananes et un peu de riz suffisent à ceux qui n'ont pas de pirogues. Ils sont très religieux et très pratiquants. On ferait donc mieux d'assurer leur défense de l'extérieur par des accords en cas d'agression et de leur constituer une gendarmerie solide et bien structurée. Cela coûterait moins cher à tout le monde. Mais ce n'est qu'un avis personnel. En tout cas, depuis la mi-octobre, il fait très chaud et la sieste coloniale est enfin justifiée. Nous modifions d'ailleurs nos horaires de travail, de 6 heures à 13 heures, comme les Comoriens qui, eux, ne travaillent pas l'après-midi !

Le président ronronne, mais le Karthala gronde

Le lundi 25 octobre au matin, nous annonçons les résultats : Ahmed Abdallah Abderemane est élu avec 99,95 % des voix ! Notre VGE doit en

	INSCRITS	VOTANTS	%	PRESIDENT	%	NULS	%
GRANDE COMORE	115 800	114 460	98,84	114 361	99,91	99	0,09
ANJOUAN	72 954	72 449	99,31	72 444	99,99	5	0,01
MOHELI	8 846	8 381	94,74	8 381	100	0	
TOTAL	197 600	195290	98,83	195 186	99,95	104	0,05

Le scrutin aux Comores.

être jaloux ! Le colonel Norlain et moi allons féliciter le président.

En Grande Comore, il a obtenu 99,91 %, à Anjouan 99,99 % et à Mohéli, 100 % ! Sur 195 290 votants, il y en a tout de même 104 qui n'ont pas voté pour lui…

Les différents scrutins vont maintenant se dérouler à cadence rapide jusqu'à la fin de l'année. En attendant, le Karthala fête à sa manière l'investiture du président. Des lueurs rougeâtres s'élèvent au dessus du volcan, qui a l'air de vouloir reprendre du service.

La cérémonie proprement dite a lieu le mercredi matin 25 octobre. Le colonel Norlain et moi y sommes conviés ainsi que le corps diplomatique. Le site a été bien choisi : une splendide résidence au bord de la mer à l'extrémité d'une petite presqu'île. Tous les notables de l'île sont là en boubou de cérémonie, djellabas brodées d'or et ornées d'écharpes multicolores. Le tout a beaucoup d'allure et de dignité. Le président prête serment, puis fait un discours assez banal en français, ensuite en arabe, auquel je ne comprends rien mais que je trouve très bon ! Le cortège s'ébranle alors pour faire le tour des cimetières et des mosquées. Auparavant, les soldats ont rendu les honneurs, puis tiré 21 salves avec leurs fusils !

Le même jour à 16 heures, grand défilé militaire à travers toute la ville. Bien sûr, nous ne sommes pas sur les rangs, mais nous encourageons nos troupes sur les côtés. La musique est superbe, sauf qu'elle n'a pas de partitions. Nous leur avons pourtant trouvé un hymne national, mais il n'existe qu'en un seul exemplaire. Les morceaux qui sont joués sont assez folkloriques et pas toujours très militaires, mais l'allure des soldats est, malgré tout, très martiale.

Le soir, nous dînons avec les chargés d'affaires de la Coopération et des Affaires étrangères. La résidence domine une bonne partie de l'île, c'est une maison superbe. Dans l'entrée, un cœlacanthe est prisonnier d'un bloc de résine. Animal bizarre, mal adapté et laid, est–ce un symbole pour notre Quai d'Orsay, du moins pour ses représentants ici ? Ces messieurs s'écoutent parler, ce qui nous évite tout souci de conversation, et ils ont vraiment l'art de compliquer tous les problèmes. En revanche, la table est excellente avec, au menu, salade niçoise et langoustes grillées. C'est vraiment le point fort de notre diplomatie locale.

A bientôt madame Moroni !

Le climat est finalement plus éprouvant que je ne le pensais et nous avons encore adopté un nouvel horaire de travail : nous faisons maintenant la journée continue de 7 heures à 14 heures. La nourriture n'est pas fameuse. Nous avons été intoxiqués à plusieurs reprises par de la viande avariée et nous essayons de mettre sur pied une popote approvisionnée avec du poisson fraîchement pêché, des fruits, en particulier des ananas qui sont délicieux, de la viande de cabri et les inévitables langoustes. A la fin du mois d'octobre, nous avons quitté les chambres que nous occupions à l'hôtel et nous sommes maintenant répartis dans deux grandes villas. La nôtre est très belle, très confortable et… climatisée. C'est la villa Pech, l'ancienne maison de Bob Denard ! Elle est entourée de manguiers et de bougainvillées qui sont magnifiques, mais qui ont l'air de provoquer une affluence de moustiques. Il y a beaucoup de paludisme sur l'île et nous veillons à prendre régulièrement notre Nivaquine.

Nous ne nous attardons pas trop dans la villa. Le climat est déjà particulièrement lénifiant, alors si, en plus, nous prenons des habitudes de riches propriétaires, la sclérose nous guette. Nous avons du pain sur la planche, ce qui nous facilite la lutte contre l'ennui, puisqu'il faut instruire, loger, nourrir, habiller et payer les soldats comoriens, prévoir le budget 1979 et, surtout, préparer la coopération future. Nos activités étant de moins en moins confidentielles, nous sommes autorisés à entrer en communication téléphonique avec nos familles, ce qui n'est pas une mince affaire. A l'occasion de l'anniversaire de deux de nos enfants, je décide d'appeler ma femme. L'opératrice de la poste m'annonce deux heures d'attente. Quatre heures plus tard, la sonnerie retentit, je décroche et j'entends la même opératrice dire à mon fils qui a décroché à l'autre bout à Bayonne : « *Ne quittez pas, on vous parle de Moroni…* » et, impuissant, j'entends mon fils répondre : « *Il n'y a pas de madame Moroni ici…* » et il raccroche !

Tout est calme dans les premiers jours de novembre. Le président est parti pour Paris et je lui ai souhaité bon voyage après lui avoir rendu les honneurs avec ses troupes. Le colonel Norlain est parti pour la Réunion essayer d'obtenir des matériels pour nous et de l'habillement pour nos soldats. J'ai donné quartier libre aux forces armées en raison de leur bonne tenue sous les armes.

Avec le capitaine Sébastien qui est pilote, nous faisons le tour de l'île à bord d'un avion de l'aéroclub. Malheureusement, des nuages recouvrent le Karthala. A l'atterrissage, je suis obligé d'ouvrir la portière avant l'arrêt complet et de freiner en posant le pied sur une des roues car il n'y a plus de freins ! Air Comores a bien des DC 3 et 4, mais il vaut mieux avoir une bonne assurance. Les poules caquettent dans le couloir central, les sièges sont déglingués et les moteurs fument autant que le Karthala ! Pendant l'absence du chef, j'hérite de sa conduite intérieure. C'est une magnifique DS 21 Pallas aux coussins de cuir mais au moteur capricieux et gourmand. Par prudence, le capitaine Hugues, me suit avec sa 504 de gendarmerie, mais sans actionner la sirène ni le gyrophare.

Nous avons fait la connaissance de quelques médecins canadiens sur l'archipel et ils ont paru très surpris que je puisse situer Chicoutimi ou Chibougamo sur une carte ! Nos occupations dépassent, comme d'habitude, le cadre militaire et nous sommes un peu les hommes à tout faire de l'île, et même des îles. Lors de la revue des troupes par Ahmed Abdallah mercredi dernier, l'hymne national devait être joué par un disque qui n'a pas fonctionné. Président et ministres ont aussitôt crié au sabotage et les mandats d'arrêt se sont mis à pleuvoir. Nous avons eu beaucoup de mal à calmer les uns et les autres.

Adieu aux îles de la Lune, la constellation des Comores

Au retour du colonel Norlain, j'apprends que je suis désigné pour repartir au Zaïre en décembre. Juste le temps de chercher quelques citrons verts, un peu de poivre et de vanille, une boîte en bois sculpté, quelques bijoux d'argent, des étoffes et des paniers, car les Comoriens sont très forts en vannerie, ils ramassent le sisal et font eux-mêmes les colorants avec de la poudre de corail. Les souvenirs ne se ramassent pas à la pelle aux Comores. Outre le fait qu'il y a des années qu'il n'y a pas eu de touristes, ce peuple raisonnable ne fait pas de stock, puisqu'il ne manque jamais de l'essentiel. Ainsi, les Comoriens ne pêchent que selon leurs besoins. Une belle leçon pour les générations futures. Sur le plan politique, en revanche, la maturité est moindre. Le président n'étant pas revenu de France, les rumeurs de coup d'état vont bon train : Abbas contre le grand Timonier, la GP contre le président, la GP contre Abbas. Quelqu'un est même venu raconter à la GP que le colonel Norlain s'apprêtait à prendre le pouvoir ! Nous aurions du sauter sur l'occasion...

Nos successeurs sont attendus le 25 novembre. Ils ne sont que quinze puisque nous étions quinze, donc à quinze cela doit suffire. C'est aussi cela la Coopération. Quant aux matériels et à l'argent demandés dans tous les rapports successifs, rien n'est encore arrivé. En attendant, sur les îles, nos représentants poursuivent leur règne.

Les missions du détachement ont largement dépassé le cadre initialement fixé. Mais tout ne sera pas résolu, en particulier le problème de la garde présidentielle : ni le Quai d'Orsay, ni la Coopération, ni l'état-major des armées, ni le SDECE ne prendront vraiment la mesure du problème et la GP restera après notre départ entre les mains des mercenaires, ce qui provoquera quelques années plus tard la mort du président Abdallah, après que la France a été obligée d'intervenir deux fois avec de gros moyens, alors que lors de cette première intervention, nous étions quinze répartis sur les trois îles de l'archipel !

Un haricot géant dépassant de mon sac, quelques brins d'ylang-ylang à l'odeur entêtante fourrés dans mes poches, je regarde les Comores s'éloigner par le hublot du Transall. Toutes ? Non, car une des îles résiste encore à l'envahisseur et nous voilà posés à Dzaoudzi, ville principale de Mayotte perchée sur un îlot et gardée par de farouches légionnaires.

Le temps d'une courte escale et nous repartons pour l'île de la Réunion où j'ai 48 heures devant moi avant le DC 8 du retour. Un petit saut à l'état-major pour leur arracher des larmes sur le dénuement de notre malheureux détachement dispersé sur l'archipel, un peu de vanille à Saint-Denis, un morceau de dentelle à Cilaos, une bouteille de rhum à Saint-Pierre et une excursion au piton de la Fournaise où la Méhari que m'a prêté l'état-major tombe en panne d'essence à 7 heures du soir. La nuit tombe, je suis tout seul à 2 000 mètres d'altitude et la route de la plaine des Cafres est déserte. Et je prends l'avion demain matin. Je finis par dénicher une épave de voiture dont je siphonne le réservoir, et qui contient suffisamment de carburant pour faire démarrer la Méhari et descendre en roue libre jusqu'au Tampon où se trouve une station-service. Dans le ciel, la lune brille et quatre étoiles clignotent pour me dire adieu...

Opération Caban, ou la fin d'un tyran

Bangui (20 au 22 septembre 1979)

Paris a décidé la disgrâce de Bokassa. Ceux qui se pressaient il y a dix-huit mois à son sacre s'offusquent tardivement de ses massacres. Ce mélange d'Ubu et de Picrochole a définitivement cessé de plaire, on attend maintenant l'occasion favorable pour déclencher un coup d'état bien concocté avec un président qui a déjà servi. L'empereur va s'envoler imprudemment pour Tripoli et le GO hardiment pour Bangui. Notre groupement doit s'emparer clandestinement de l'aéroport et de la ville, mettre en place le nouveau président « *qui fait appel à l'armée française* » et accueillir d'autres unités de la 11e Division Parachutiste. La ville doit être prise en 45 minutes et les clés remises à l'armée régulière, mais n'anticipons pas...

Une atmosphère de fin de règne

Durant l'été 1979, des directives venant de Paris prescrivent au GO de s'entraîner au franchissement de murs élevés. Ce n'est pas ce qui

L'empereur Jean-Bedel Bokassa et son épouse lors de son sacre en décembre 1977.

manque dans notre citadelle, et cet ordre est d'autant mieux exécuté que nous venons de recruter deux lieutenants guides de haute montagne. Ils s'en donnent à cœur joie et les commandos d'intervention passent maîtres dans les différentes techniques de franchissement au moyen de grappins, d'échelles de corde ou d'acier, de poignées Jumard et autres moyens réglementaires ou de fortune. Des précisions – ou des indiscrétions – nous apprennent que ces « murs élevés » sont les murailles d'un palais, puis d'un palais impérial, puis d'un palais impérial en Afrique. Bref, au jeu des devinettes, on finit par se douter que les jours du règne de l'empereur Bokassa sont comptés… ce qui ne provoque aucun état d'âme au sein de notre communauté, car mettre fin au règne de ce comique troupier aussi sanguinaire que chamarré serait plutôt perçu comme une bonne nouvelle. On peut même se demander pourquoi on a attendu si longtemps.

A la mi-septembre, c'est devenu une question de jours. On apprend « où » : Bangui, mais on ne sait pas « quand ». L'intervention aurait lieu de nuit et débuterait par un poser d'assaut sur l'aérodrome de M'Poko. Les renseignements qui nous parviennent du SDECE ne sont pas particulièrement abondants. Nous avons droit à une seule photo aérienne de la piste de l'aéroport qui date de 1968. Le cloisonnement, délibéré

En tête de papier à lettre.

ou structurel, de nos services a heureusement encouragé le régiment à disposer de sa propre documentation. De plus, l'officier supérieur adjoint, le commandant Ménage, a effectué, il y a quelques années, un séjour en Centrafrique et il nous projette ses films et ses diapositives, ce qui nous permet, entre autres, d'immatriculer nos véhicules d'intervention avec des plaques centrafricaines. Un briefing complémentaire des Parisiens nous apprend que, dès le poser d'assaut, nous aurons à prendre contact avec une équipe de Cercottes. Il reste encore pas mal de zones d'ombre dans cette opération telle qu'elle est prévue, mais comme me dit finement le capitaine Hugues, mon adjoint pour la circonstance, de nuit, sans lune et en Afrique noire, il ne faut pas trop en demander…

Le 19 septembre, nous sommes placés en alerte et le soir, un fax tellement bien crypté qu'il reste indéchiffrable nous apprend après force coups de téléphone d'explications complémentaires que le jour J est fixé au lendemain. Les paquetages sont prêts et entreposés depuis longtemps, il reste à percevoir l'armement et à passer la nuit à la citadelle, au secret.

Quand l'empereur n'est pas là

Le jeudi 20 septembre, à partir de 6 heures du matin, quatre Transall s'envolent de Biarritz-Parme, emportant à leur bord les 114 hommes du GO, quelques Jeeps et une camionnette 404.

Quelques heures plus tard, les avions se posent l'un derrière l'autre à Djerba, en Tunisie pour y faire le plein de carburant, puisqu'on ne peut survoler ni l'Algérie, ni la Libye.

Ordre nous est donné de rester à bord durant toute l'escale, ce qui ne fait pas du tout notre affaire en raison de la chaleur et de l'inconfort. Les pleins faits, les quatre Transall redécollent et mettent aussitôt le cap sur N'Djamena, où nous atterrissons en fin d'après-midi.

Kolwezi nous avait déjà enseigné que l'intégration de Forces spéciales à une opération classique ne coulait pas de source. *Caban*, qui allait devenir *Barracuda*, nous révèle que la coordination entre une opération spéciale et une opération classique est totalement absente des préoccupations de nos planificateurs. Personne parmi les forces françaises stationnées au Tchad n'est au courant que le « coup d'État » est pour ce soir !

En revanche, un homme est fidèle au rendez-vous et connaît parfaitement sa partition dans le concert de la soirée, c'est David Dacko, président de rechange et prédécesseur de l'empereur Bokassa, « démissionné » par ce dernier, et qui s'apprête, ce soir, à reprendre sa place. Car Bokassa vient de commettre l'imprudence qui va lui coûter son trône : il a quitté l'empire à bord de sa Caravelle pour aller rendre visite à Kadhafi en Libye.

Comme un fer de lance

Tout était donc prêt en cet après-midi du 20 septembre, sauf les unités de renfort de la 11e Division Parachutiste, stationnées au Tchad et au Gabon. Les postes radio se mettent à crépiter dans le triangle Paris, Libreville et N'Djamena. Les quatre compagnies désignées du 3e RPIMa et du 8e RPIMa sont placées en alerte immédiate, perçoivent leurs munitions et reçoivent leurs ordres.

Le déroulement de l'opération est simple – ce qui lui donne à mon avis de très bonnes chances de succès ! – Le GO du 1er RPIMa, agissant en fer de lance à bord de trois Transall, doit se poser en début de nuit à Bangui et s'emparer de l'aéroport et de tous les points clés de la ville. Les autres unités de la 11e DP, *« répondant à l'appel du nouveau président »*, se posent alors en fin de nuit à Bangui à bord de huit autres Transall et relèvent le GO, qui rentre en France dans la foulée.

Les ordres donnés au commandant du groupement opérationnel sont clairs :

1. Neutraliser la compagnie de garde de l'aéroport de M'Poko.
2. Contrôler la tour et l'aérogare, en mesure d'assurer l'éclairage de la piste.
3. Interrompre les communications téléphoniques internationales et les rétablir sur ordre.
4. Assurer la radiodiffusion de la déclaration de prise de pouvoir de David Dacko, avant la fin des émissions de Radio Bangui (théoriquement minuit).
5. Garantir la sécurité du poser de la première vague de *Barracuda*, autrement dit les unités de la 11e DP.

L'articulation du GO est la suivante :

- Une équipe de commandement à dix et une équipe de balisage à cinq,
- Trois commandos à vingt pour s'emparer de la compagnie de garde, la tour et l'aérogare,
- Un commando à quinze pour contrôler les PTT,
- Un commando à quinze avec le président Dacko pour s'emparer de la Radio,
- Un commando de renfort à vingt.

En attendant que l'effet de surprise se tasse sur l'aérodrome de N'Djamena, le GO a l'autorisation de se dégourdir les jambes et de se rafraîchir, c'est-à-dire de se montrer ! Ce qui n'était pas évident *a priori*, car, dans l'esprit de certains de nos employeurs, il fallait que nous ne soyons pas identifiables par nos homologues de la DP, ce qui était irréaliste et grotesque. Pourquoi jouer à cache-cache avec notre propre armée ? Quel était l'intérêt de taire la participation du 1er RPIMa aux militaires français ? Le souci du secret et de la clandestinité était appliqué à bien mauvais escient.

De toute façon, notre armement spécifique ne passait pas inaperçu : fusils d'assaut américains M 16, Riot Gun, PM Uzi, revolvers et roquettes antichars M 72 nous désignaient à la curiosité de nos camarades qui, eux, ne se faisaient pas de nœuds au cerveau pour imaginer le rôle que nous allions jouer à leur profit.

Le briefing se prolonge et tout indique maintenant que le poser du premier avion, initialement prévu à 21 heures 45, se fera avec du retard. Heureusement, la détermination de Milord est sans failles. Il maintient son point de vue : l'opération reste faisable sous réserve que le premier avion se pose à 23 heures, dernier carat, de façon à ce que la radiodiffusion du message du nouveau président puisse se faire avant la fin des émissions de Radio Bangui (l'allocution était déjà enregistrée sur une minicassette au cas où). Cette station radio se trouvait à dix kilomètres de l'aéroport, en pleine ville. Les délais pour s'y rendre étaient donc considérablement raccourcis et notre ami Brice, à la tête de son détachement Echo, avait tout intérêt à oublier tout ce qu'il avait appris à l'École de guerre pour se consacrer uniquement au facteur vitesse.

Sans attendre le feu vert

Sans attendre l'accord de Paris, on se sépara sur cette considération essentielle et on embarqua dans trois avions, au lieu des quatre qui avaient servi jusqu'ici, car deux équipages seulement étaient capables de se poser sans balisage et sans phare d'atterrissage – c'étaient les deux équipages du SDECE venant du GAM 56. Le troisième avion du COTAM se poserait sur un balisage d'assaut mis en place par le capitaine Patrick, déposé par le deuxième avion avec le détachement Fox.

On modifia en conséquence l'articulation des détachements et on se tassa dans les avions. La nuit tombait lorsque les turbopropulseurs se mirent à hurler, entraînant les hélices. Un par un, les appareils prirent l'air et mirent cap au sud. Une demi-heure plus tard, tous feux éteints et à très basse altitude, les trois Transall fonçaient l'un derrière l'autre en direction de Bangui.

Chef de l'équipe de commandement et de protection du chef de corps, j'avais pris place auprès de BR dans le deuxième avion avec la dizaine d'hommes de mon détachement. Mais je m'intéressais à mon voisin, assis en civil à mes côtés. C'était le futur président David Dacko ! Nous avions tous perçu à Bayonne un repas froid en sachet et notre aventure ne nous coupait pas l'appétit, bien au contraire. Mais le futur président ne venait pas du Pays basque et l'émotion, ça creuse. Il nous couvait des yeux pendant que nous engloutissions nos sandwiches. Je me privais d'autant plus volontiers du mien pour le lui offrir qu'il s'agissait d'un sandwich au fromage… et je ne mange jamais de fromage ! Les mauvaises langues prétendirent par la suite que je cherchais à me placer auprès du président…

David Dacko lorsqu'il était le prédecesseur de Bokassa à la présidence de la RCA.

Poser d'assaut

Dans l'avion leader, Milord menait le bal et son seul souci, que nous partagions, était de se poser à 23 heures au plus tard. Il ne restait plus qu'un quart d'heure quand soudain, notre appareil reprit un peu d'altitude. Au loin, c'était Bangui, illuminée dans la nuit noire. Surprise, les feux de la piste de M'Poko étaient aussi allumés. Nous l'apprîmes un peu plus tard, c'était un avion cargo d'Air Egypt qui était attendu et qui se posa un peu avant 23 heures. L'avion leader s'était mis dans son sillage, tous feux éteints, et dès que la piste s'éteignit à son tour, le balisage de l'équipe de Cercottes prit le relais et à 23 heures 00, le train d'atterrissage du premier Transall prenait brutalement contact avec la piste. Celle-ci mesurait 2 600 mètres de longueur et avait 45 mètres de largeur. L'objectif du commando étant presque en bout de piste sur la droite, le Transall passa en trombe devant l'aéroclub, les hangars de fret puis la tour de contrôle avant de s'immobiliser 600 mètres au-delà de l'aérogare à la hauteur du bâtiment abritant la compagnie de garde de l'aéroport. La rampe arrière s'abaissa, il était exactement 23 heures 01.

Chargés de neutraliser la compagnie de garde, les détachements Zéro et Alpha, aux ordres du commandant Gaston et du capitaine Christophe, s'élancèrent vers leur objectif et firent irruption dans le bâtiment avant que les sentinelles n'aient le temps de réagir. Sans tirer un seul coup de fusil, ils firent prisonniers la totalité de l'effectif présent, paralysé par la surprise. Les trente parachutistes venaient de capturer 250 soldats centrafricains qui n'en menaient pas large. A 23 heures 10, toute la garde était neutralisée.

Pendant ce temps, le détachement Bravo, aux ordres du capitaine Davy, qui avait également débarqué du premier appareil, fonçait vers la tour de contrôle afin de s'en emparer pour pouvoir rallumer l'éclairage de la piste. Les gardes du service de sécurité étaient aussitôt neutralisés et, après quelques tâtonnements, les lumières de la piste étaient rallumées à 23 heures 13.

Comme toujours l'imprévu

Sept minutes auparavant, à 23 heures 06, notre Transall s'était immobilisé en quelques centaines de mètres à hauteur de l'aérogare, dans le hurlement des moteurs et le crissement des freins. Le succès de toute l'opération dépendait maintenant de la rapidité du détachement Echo chargé de s'emparer du bâtiment de la radio nationale, en pleine ville, à dix kilomètres d'ici.

Et côté rapidité, on était gâté : impossible de baisser la rampe et donc de faire descendre la 404 camionnette et la Jeep chargées d'acheminer le détachement Echo de Brice à Radio Bangui et le détachement Delta du commandant JB au central téléphonique. Le mécanicien de bord, voulant sans doute trop bien faire, avait déclenché l'ouverture de la rampe pendant que l'avion roulait au sol, alors que les chaînes d'arrimage du véhicule garé sur la rampe étaient encore à poste. En commençant à s'abaisser, la rampe avait tendu les chaînes et l'ensemble était maintenant complètement coincé, ne laissant qu'une ouverture pour laisser passer un homme. J'étais à l'arrière, prêt à dévaler la rampe, et devant l'étendue du désastre, je ne perdais pas de temps à me lamenter et, suivi du capitaine Hugues et des radios, sans attendre l'ouverture des portes latérales, je me laissais suspendre par les mains et sautais dans l'obscurité sur la piste en dessous. Toute l'équipe de commandement était rapidement regroupée sur le bord de piste, le long de la bretelle menant à l'aérogare, notre objectif.

Pendant ce temps, Brice et JB, parfaitement conscients de l'enjeu de cette course contre la montre, décidaient de ne pas attendre l'arrivée du troisième avion et des véhicules qu'il transportait et se mettaient en quête d'un véhicule de remplacement..

De notre côté, nous nous dirigions le plus rapidement possible vers l'aérogare en regardant où nous mettions les pieds car nous étions aveuglés par toutes les lumières du bâtiment. Les autres détachements suivaient ainsi que le président. L'aérogare était presque vide à part quelques employés et de rares voyageurs un peu inquiets de l'irruption de tous ces hommes en armes. J'embouchais mon haut parleur portatif et envoyais un premier message à la fois rassurant et dissuasif : « *Avancez vers nous les mains en l'air et il ne vous sera fait aucun mal. Sortez des pièces où vous vous trouvez et rejoignez le hall central. Passagers, n'ayez pas peur, vous êtes sous notre protection.* »

A 23 heures 22, la totalité de l'aérogare était sous notre contrôle. Des voyageurs européens étaient maintenant rassurés, tout en ne sachant pas trop à quelle armée ils avaient à faire. Appliquant les directives de Paris, nous étions en tenue camouflée, sans coiffure, équipés d'armement étranger, mais on ne s'amusait tout de même pas à parler une langue étrangère.

Pendant ce temps, Delta et Echo s'étaient transformés en détachements motorisés et fonçaient vers Bangui qu'ils atteignaient sans encombre et sans avoir rencontré d'obstacles. Il faut dire que sur les deux engins blindés de type BRDM qui stationnaient à l'aérodrome, l'un avait été capturé et l'autre nous avait filé sous le nez et roulait dans le même sens que nos camarades…

A 23 heures 30, JB et son détachement Delta faisaient irruption dans l'immeuble des PTT et s'en emparaient sans coup férir. Les communications téléphoniques internationales étaient aussitôt interrompues de manière contrôlée et sans opérer de destructions.

A 23 heures 45, le troisième Transall se posait sur le balisage mis en place par Patrick et le commando d'engagés de l'adjudant-chef Lacaze en débarquait rapidement et venait se mettre à ma disposition. Je l'envoyais aussitôt contrôler l'entrée de l'aéroport pour filtrer tout ce qui pouvait arriver de Bangui à pied, à cheval ou en voiture.

A 23 heures 46, Brice et son détachement Echo contrôlaient Radio Bangui.

En 45 minutes, tous les objectifs désignés étaient sous notre contrôle.

Il ne restait plus à David Dacko, nouveau président de la toute récente République centrafricaine, escorté par Casimir, porteur d'une valise pleine de billets de banque, qu'à prendre la parole pour transformer les sujets de Bokassa en citoyens électeurs. En attendant son allocution, Radio Bangui diffusait depuis 23 heures 51 de la musique militaire…

La fin des fantasmes napoléoniens d'un tyran ridicule

Quatre minutes plus tard, le président David Dacko s'adressait à son peuple en sango au micro de Radio Bangui. Il proclamait solennellement la déchéance de Bokassa Ier, indigne d'occuper les fonctions de chef de l'État centrafricain et, après avoir annoncé la restauration de la bonne vieille république, il demandait l'appui de la France, l'amie de toujours. La mission « action » était terminée, il ne nous restait plus qu'à attendre l'arrivée de la 11e DP. *Barracuda* allait succéder à *Caban*.

Chronologie de l'action

23h01	1er avion *(garde, tour, aérogare)*	**Cdt GO et 3 Cdos**
23h06	2e avion *(P et T, radio)*	**CDC et 2 Cdos, équipe balisage**
23h10	Garde neutralisée (250h)	
23h13	Tour prise et piste allumée	
23h22	Aérogare controlée	
23h30	Com PTT coupées	
23h45	3e avion	**Cdo renfort**
23h46	Contrôle Radio Bangui	
23h55	Allocution nouveau Président	

Je prenais contact avec le Bréguet Atlantic qui servait de PC volant aux unités de relève et lui annonçais la bonne nouvelle qu'il attendait, à savoir le feu vert pour le décollage de la première vague avec un poser garanti en toute sécurité. En réponse, *Barracuda* m'annonça son arrivée prévue à 4 heures locales.

Je profitais des quatre heures de délai avant l'arrivée de la relève pour faire un tour dans l'aéroport où nous saisîmes dans un des bureaux plusieurs passeports libyens qui pouvaient intéresser la DGSE. Ensuite, nous décidâmes de satisfaire notre curiosité en allant faire une petite visite à l'intérieur du Boeing 707 d'Air Egypt qui nous avait permis de nous poser si discrètement. Bien qu'il soit verrouillé et sans échelle d'accès, nous nous introduisîmes à l'intérieur par le diabolo du train avant où se trouve une trappe d'accès. Il y avait trente tonnes d'armement dans la soute…

Je pris également contact avec les commandos en civil de Cercottes qui avaient bien préparé notre arrivée et nous racontèrent brièvement leurs aventures au temps de l'empire.

Nous luttions maintenant contre le sommeil car la journée avait été longue et fertile en évènements.

A 3 heures du matin, le premier ministre de l'ancien gouvernement se présentait pour se mettre à la disposition du nouveau président. Il fut escorté jusqu'à ce dernier, toujours à Radio Bangui. A 3 heures 30, les communications téléphoniques internationales étaient rétablies.

Au tour de *Barracuda*

Une heure plus tard, les quatre premiers Transall se présentaient pour l'atterrissage, suivis bientôt de quatre autres. Aux premiers arrivés, nous confions la relève de Golf aux accès de l'aéroport. Au fur et à mesure de l'atterrissage des suivants, nos éléments étaient peu à peu relevés, ce qui leur permettait de souffler un peu et les clés sont remises en ce 21 septembre au matin aux forces de *Barracuda* que nous avions accueillies.

Comme ces dernières ne disposaient pas de suffisamment de véhicules, nous avions formé une colonne de voitures diverses, réquisitionnées un peu partout. C'étaient pour la plupart des véhicules de servitude de l'aérodrome, pompiers, chariots à bagages, échelle roulante etc. qui formaient une caravane bien peu militaire, mais du plus bel effet.

Le premier commandant de compagnie du 3ᵉ RPIMa que nous

La population en liesse pille les magasins dans Bangui.

accueillîmes était le capitaine Rosier, futur chef de corps de Bayonne. Pour l'heure, il était encore très « classique » et stupéfait qu'on veuille l'expédier au centre ville à bord d'une colonne aussi hétéroclite. Une remarque de Milord lui fit comprendre qu'il n'avait pas le choix.

Dès que la relève le permit, je réquisitionnai la camionnette qui avait fini par libérer le Transall, j'embarquai avec le chef de corps comme passager et l'équipe de protection dans la caisse et nous prîmes la route de Bangui. Il faisait maintenant grand jour. Dès la fin de la première allocution du président Dacko, la population avait commencé à sortir dans les rues. Elle était maintenant de plus en plus dense. Gaston avec son détachement Zéro effectuait depuis sa relève des patrouilles en Jeeps dans les principaux points de la ville. Il était également allé surveiller les abords de l'état-major des Forces armées, de la Marine nationale, le commissariat central de la ville et la présidence. Les détachements de garde avaient manifesté une attitude neutre ou le plus souvent bienveillante et il ne les avait pas désarmés. Seul un BRDM avait été saisi devant l'immeuble de la télévision.

Maintenant, des scènes de pillage se déroulaient au centre ville et au palais du couronnement. Notre détachement n'était pas assez nombreux pour les en empêcher et ce serait la tâche de la 11e DP à partir de 6 heures du matin.

En attendant, les gens nous acclamaient… et se servaient dans les magasins.

À 6 heures 15, un élément de la division parachutiste relevait les nôtres à Radio Bangui. Le président Dacko en profitait pour s'exprimer en français, en direct sur l'antenne, afin de calmer la foule, puis un enregistrement sur cassette fut régulièrement diffusé.

Nous sommes maintenant tous regroupés à l'aéroport, à l'exception de Delta, toujours au central téléphonique, qui tarde à être relevé par la 11e DP. Un peu abrutis par cette nuit sortant de l'ordinaire, nous avons élu domicile dans le magnifique salon d'honneur de l'aérogare décoré par une splendide défense d'éléphant finement sculptée et dressée dans une vitrine. Un détachement de Puma en provenance de N'Djamena se pose à proximité. Ils ont voyagé à vide, la soute occupée par un immense réservoir supplémentaire. Mais notre dernier détachement finit par être relevé à 10 heures 30 et nous abandonnons les fauteuils confortables pour embarquer dans les Transall revenus nous chercher depuis N'Djamena, avec armes, bagages et véhicules.

Un scénario convenu ?

A la même heure, le ministre français de la Coopération déclarait à Paris : « *En réponse à l'appel lancé par les autorités de l'Etat centrafricain,*

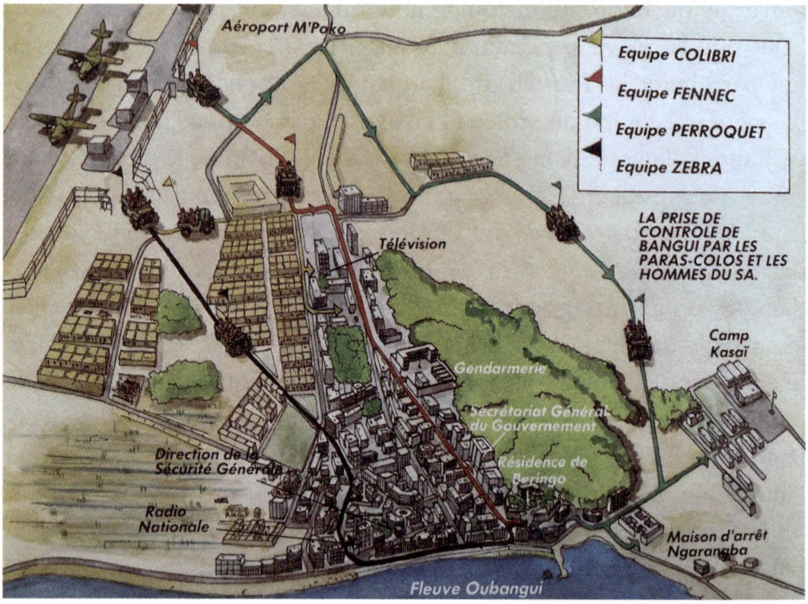

Prise de contrôle de Bangui. Document réalisé pour le mensuel *Raids*.

Vision de la presse de l'opération *Barracuda* :
« 3 Jeeps, 30 hommes et un président. »

le président David Dacko et le Premier ministre Henri Maidou, et pour répondre aux menaces sur la sécurité des populations, compte-tenu des graves atteintes aux droits de l'homme constatées par la commission africaine, le gouvernement a décidé l'envoi d'un détachement militaire à Bangui. Celui-ci sera rappelé aussitôt que les autorités centrafricaines jugeront assurée la sécurité de la population. »

Le sommeil fut le grand vainqueur de notre vol retour. Un orage épouvantable nous réveilla cependant au-dessus du Tchad. L'avion tanguait dans tous les sens et les chaînes d'arrimage des véhicules étaient mises à rude épreuve. L'essence des réservoirs débordait et l'odeur nous incommodait. L'escale de N'Djamena fut la bienvenue pour laisser reposer nos carcasses et les estomacs les plus sensibles. Puis ce fut un vol sans histoire jusqu'à Biarritz où nous touchâmes terre à l'aube du samedi matin.

Quelques enseignements furent dégagés dès notre retour, négatifs d'abord : durant la phase de préparation, la veille du jour J, fax et téléphone cryptés en étaient à leurs balbutiements et il a fallu se téléphoner en clair avec notre état-major d'emploi pour se comprendre et confirmer ce qui devait l'être. Ensuite, la documentation qu'on nous avait fournie était ridicule avec une seule photo aérienne de l'aéroport de M'Poko datant de 1968. D'autre part, il n'y avait pas eu moyen d'avoir connaissance de l'immatriculation réglementaire centrafricaine pour en doter nos véhicules civils. Enfin et surtout, le mécanicien de soute avait commis une lourde erreur aboutissant à coincer les deux véhicules les plus indispensables.

Positifs ensuite : un plan simple, des ordres clairs et une exécution rapide. Une bonne adaptation aux cas non-conformes comme le retard accumulé et l'indisponibilité d'un des avions. La détermination du commandant du GO malgré le chamboulement de l'articulation et le retard. Une bonne coopération avec le commando de Cercottes pour le poser des deux premiers avions. Enfin, toute modestie mise à part, le très bon comportement des commandos avec une remarquable discipline du feu comme le prouve le témoignage de l'adjudant Pacôme : *« Après avoir enfin réussi à récupérer notre véhicule qui était bloqué sur la rampe du C160, nous avons pris la direction du centre ville afin de remplir notre mission qui était d'occuper le bâtiment des PTT.*

Sur place deux équipes ont été constituées, la première à l'intérieur du bâtiment pour essayer de rétablir la liaison téléphonique avec la France, l'autre équipe avec moi afin d'établir un périmètre de sécurité, et aussi pour reconnaître rapidement un chemin d'exfiltration vers l'Oubangui, le Zaïre au cas où l'aérodrome serait devenu inutilisable....

Après avoir mis en place le tireur FM et son chargeur, puis attribué une mission de surveillance sur les arrières à un autre binôme, je suis revenu à l'endroit où j'avais placé sommairement le LRAC de 89 et son tireur, le sergent-chef Charles. Il avait déjà trouvé un bon emplacement qui lui permettait de faire feu sur le carrefour qui était à environ 20 mètres de notre position.

La nuit était calme, quand tout à coup, le bruit assez caractéristique d'un engin blindé se fit entendre en provenance de l'aéroport et se dirigeant vers le centre ville.

Il s'arrêta pile à notre hauteur et, sans se démonter, Charles me dit : « Je vais lui en mettre un coup », *et joignant aussitôt le geste à la parole, il mit son œil dans la lunette de tir du LRAC.*

A ce moment-là, nous n'étions pas menacés, la tourelle du BRDM était dans l'axe de la route. J'ai donc dit immédiatement à Charles : « Stop, il ne nous menace pas, nous n'avons pas l'ordre d'ouvrir le feu. Mais s'il tourne la tourelle vers nous alors tu pourras faire feu. ».

Le BRDM est resté sur place, moteur tournant, pendant ce qui nous a semblé une éternité, en réalité 30 secondes ou une minute sans doute... peut-être moins ?

Après un surrégime du moteur, l'engin s'est remis en route et a traversé le carrefour et Charles me dit : « Dommage, j'étais sûr de l'avoir ! ».

Ensuite, le jour a commencé à se lever et les premiers mouvements de foule ont fait leur apparition.

Puis la relève est arrivée et nous avons embarqué dans notre 404 bâchée avec sa fausse immatriculation et nous avons pris la direction de l'aéroport de M'Poko.

Sur le tarmac où nous attendions l'avion du retour, de petits groupes de commandos du GO s'étaient formés et, assis par terre, chacun racontait sa campagne de la nuit. A côté d'un petit groupe j'entendis alors qu'un BRDM avait été capturé et avait pris la route du centre ville piloté par un de nos commandos...

Imaginez ma stupéfaction et ma crainte rétrospective : des copains dans le BRDM... Oui, ils ont eu vraiment chaud.

Les ordres étaient heureusement de ne pas ouvrir le feu sauf en cas de menace directe...

Charles est venu me voir pour me dire que j'avais eu bien raison. Ce brave sous-officier parachutiste nous a quittés trop tôt. Devenu officier au régiment, il est décédé accidentellement. »

Mission de protection du président de Centrafrique

République centrafricaine 1980-1993

Tirant son nom d'un poisson exotique, cette mission *Pélibonka*, appelée plus couramment par son trigramme PBK, consistait en l'encadrement de la garde présidentielle (en abrégé GP) de Bangui en RCA.

A partir de 1980, un détachement du GO encadre directement la garde présidentielle de Centrafrique, à la tête de laquelle officie un lieutenant-colonel du Service. Ce dernier restera en poste plus de dix ans. Il finira par tout connaître de la Centrafrique et rien ne pourra lui échapper grâce à ses nombreux postes radio Motorola dont il ne se séparait jamais.

Ce commandement direct des éléments de la garde sera pendant des années une expérience très enrichissante pour les cadres du GO, puis du régiment, qui se succédèrent parfois quatre ou cinq fois, à la tête des sections RIO, ainsi qu'au sein des nombreux postes à pourvoir, dont le détachement d'intervention Eclair, véritable fer de lance de la GP en zone urbaine.

Le détachement était confortablement installé dans les appartements

Encadrement de la garde présidentielle de Bangui.

de l'ex-impératrice, la Villa Catherine, dans laquelle trônaient encore, au début tout du moins, quelques objets rappelant la « grande époque impériale ».

Cette importante mission, poursuivie par le régiment après la dissolution du GO, cessera en 1993. Elle sera alors remplacée par une mission de protection au profit du nouveau président Ange Félix Patassé, dit AFP, successeur du général André Kolingba, à la tête de l'Etat centrafricain.

En 1981, à la veille de sa dissolution, le GO est engagé sur tous les fronts : un commando assure la mission de protection *Pélibonka* en République centrafricaine, un autre la mission de protection *Déclic* en République de Côte d'Ivoire, un troisième commando est en opération, le quatrième s'instruit et se prépare à relever le premier ou le deuxième, et le cinquième est en alerte, c'est le commando d'intervention. On comprendra que, dans ces conditions, un sixième commando ait été constitué.

Dissolution du Groupement opérationnel

1er juillet 1981

1981 fut fertile en évènements y compris pour la petite garnison de Bayonne. Le point de départ en fut le résultat des élections du mois de mai.

D'un coup de baguette magique, le SDECE se transforma en DGSE. En fait, il conserva les mêmes missions avec les mêmes moyens, les mêmes qualités et les mêmes défauts, mais changea de nom et de chefs. Alexandre de Marenches, nommé au Conseil d'Etat, démissionna et se consacra à sa biographie, et un certain Pierre Marion prit sa place. Il parait qu'on perdit au change. Les alliés nous firent la tête car ils n'appréciaient guère la présence de ministres communistes au gouvernement. Un vent de panique souffla dans certains services de la nouvelle direction, persuadés que c'était la fin du monde. Le général Alain de Marolles prit sa retraite sans prendre la plume. Il fut remplacé par le colonel, puis général Grillot, le chef de l'ex-Commando Georges en Algérie. A Bordeaux, le général Gilliot prit la tête de la région militaire à la place du général de Quatrebarbes, malade, qui décéda peu après. A Toulouse, le général Schmitt présidait aux destinées de la 11e Division Parachutiste avec l'ambition de la détourner de l'Afrique et de la réorienter vers l'ennemi rouge. En définitive, au moment même où le 1er RPIMa et son Groupement opérationnel avaient pris leur envol et commençaient à être reconnus dans le monde de l'action spéciale, il leur fallait brusquement rentrer dans le rang.

Car à partir du 1er juillet 1981, le 1er RPIMa ne dépend plus pour son emploi de la nouvelle DGSE. Il est taxé d'un grand nombre de cadres qui sont mutés à Cercottes, qui se remplume à ses dépens, avec en particulier presque tous les chuteurs opérationnels, et il lui est prescrit de s'instruire séance tenante dans de nouvelles disciplines pour devenir une sorte de fournisseur d'équipes de renseignement, appelées Unités de renseignement de corps d'armée (URCA) et résolument tournées vers la recherche humaine derrière les frontières de l'Est. C'est à telle enseigne que plusieurs sous-officiers seront désignés pour servir comme conducteurs à la Mission militaire française de liaison près du haut commandement soviétique à Potsdam en République démocratique allemande (MMFL) pour une durée de quatre mois.

Cependant, grâce à l'audace, à la ténacité et la clairvoyance de chefs de corps successifs, le régiment va réussir à traverser cette période difficile. Il leur faut se montrer inventifs, garder la tête froide pour restructurer rapidement l'outil de combat et continuer à motiver les cadres. Et c'est finalement le fait d'être endivisionné qui va permettre au régiment de surmonter les obstacles. Car il va conserver les missions africaines de protection à caractère spécial et se différencier ainsi des autres unités de la 11e DP. Tout en se consacrant sans état d'âme à la formation de son personnel dans les nouvelles disciplines dominées par le Renseignement, il va tout faire pour conserver l'expérience acquise dans le domaine des opérations spéciales et de l'action, héritée du GO.

On aurait pu arrêter là le récit de la brève existence du GO si, compte-tenu de son passé récent, de la formation et de la sélection de ses cadres, on ne lui avait pas confié une dernière mission au lendemain de sa dissolution. En effet, le 7 septembre 1981, une note d'orientation de la 11e DP prescrit au 1er RPIMa de relever le Détachement d'assistance opérationnelle (DAO) du 3e RIMa en République centrafricaine (RCA). La relève est fixée au 24 octobre. Il s'agit d'encadrer pendant trois mois un stage de recyclage des cadres officiers et sous-officiers de l'armée centrafricaine au camp Leclerc, à Bouar. Le colonel Norlain me désigne pour prendre la tête de ce DAO et me donne carte blanche pour que le GO ressuscite une dernière fois dans l'exécution de cette première mission de son régiment rénové…

C'est à Bouar, à Bouar, à Bouar…

République centrafricaine (octobre 1981-février 1982)

Oh Centrafrique, oh berceau des Bantous
Reprends ton droit au respect de la vie
Longtemps soumis, longtemps brimé par tous
Mais de ce jour brisant la tyrannie
Dans le travail, l'ordre et la dignité
Tu reconquiers ton droit, ton unité
Et, pour franchir cette étape nouvelle
De nos ancêtres la voix nous appelle »
(Hymne national « La Renaissance »)

Recyclage à Bouar

Il s'agissait donc d'encadrer pendant trois mois un stage de recyclage des cadres officiers et sous-officiers de l'armée centrafricaine au camp Leclerc, à Bouar. Le mois de septembre fut mis à profit pour étudier la mission, sélectionner le personnel et mettre sur pied le détachement

Le DAO du 1er RPIMa en RCA.

précurseur confié séance tenante au capitaine Doucet, l'ancien chef de section du 2e REP, grièvement blessé à Loyada (République de Djibouti) au cours de la prise d'otages d'un car scolaire. Fin septembre, je me présentais à Paris au ministère de la Coopération pour recevoir des informations complémentaires. Le 6 octobre, le détachement précurseur quittait Bayonne pour Bangui.

Jusqu'au 23 octobre, je dirigeais à Bayonne une période bloquée de trois semaines nous permettant de bien nous préparer à cette mission. Notre stage était le quatrième de la série et serait suivi de nombreux autres. Les DAO successifs étaient donc jugés sur pièces et leurs résultats, bons ou mauvais, rejaillissaient sur leur régiment d'appartenance. Depuis notre réinsertion récente au sein de la 11e DP en provenance du SDECE/DGSE, nous étions attendus au tournant…

Bref, ce n'était pas le moment de faire mauvaise figure. J'avais passé exactement onze heures en RCA lors de l'opération *Caban* pour les uns, *Barracuda* pour les autres, c'était peu pour parler savamment de ce pays. Je fis venir des cadres qui en savaient un peu plus et je multipliais les exposés sur la RCA, les Forces armées centrafricaines (FACA), l'Assistance militaire technique (AMT) et les Éléments français d'assistance opérationnelle (EFAO).

Pendant ce temps, le détachement précurseur prenait contact sur place avec l'unité relevée, nous adressait par messages les informations complémentaires et les demandes de moyens supplémentaires. La préparation était orientée en tenant compte de ces nouvelles précisions et le fret était modifié en conséquence. Bien avant le départ pour Bangui, le DAO était en possession de tous les éléments nécessaires à l'exécution de sa mission grâce, en particulier, à l'exploitation des rapports de fin de stage des deux premiers DAO et aux renseignements fournis par le capitaine Doucet sur le déroulement du troisième.

Escale à Bangui

Les six officiers, onze sous-officiers et onze parachutistes du DAO étaient prêts à en découdre lorsque vint l'heure du départ, le 23 octobre, et nous prîmes joyeusement le car pour Toulouse. Après une bonne nuit passée à la BOMAP, la base aéroportée de la division, nous décollions en fin de matinée pour atterrir en fin d'après-midi sur l'aérodrome de Bangui, que nous connaissions bien pour y avoir atterri subrepticement deux ans auparavant ! Nous y sommes accueillis par le colonel commandant les troupes françaises en RCA.

Dimanche matin, le capitaine Doucet nous fait le point sur la situation. Il a très bien préparé le terrain et résolu la plupart des problèmes. A midi, nous sommes tous invités à déjeuner chez un médecin militaire, très bien logé dans une villa de l'Institut Pasteur où nous passons quelques heures agréables. Le soir, nous dînons avec quelques cadres du régiment qui sont en mission à Bangui (encadrement de la garde présidentielle) et très bien installés dans les appartements de l'ex-impératrice !

Altitude et indépendance

Lundi 26 octobre, nous nous réveillons à l'aube pour gagner notre port d'attache, Bouar, situé à 400 kilomètres de la capitale. La moitié du détachement prend la route, l'autre l'avion. J'ai choisi l'avion et j'atterris en fin de matinée sur la piste en latérite de Bouar où je suis accueilli par le colonel commandant les troupes.

Bouar est à la fois une petite ville de 25 000 habitants et un grand camp bâti peuplé d'un millier de soldats. A 1 000 mètres d'altitude, la température y est beaucoup plus agréable qu'à Bangui et il n'y a pas trop de moustiques. Le camp est très grand, très abîmé et pas du tout retranché. Il a été modernisé et relativement entretenu depuis deux ans. Il offre un panorama de collines et de savanes à perte de vue. À l'intérieur de ce périmètre, nous sommes tout à fait indépendants et installés dans des conditions très correctes. Le « personnel de maison » a fait l'objet d'une sélection du type légionnaire. Un jardinier, huit *boys*, un gardien et quatre soldats centrafricains sont à notre disposition ; ils n'ont jamais tant travaillé de leur vie ! Les rangers brillent, le linge est lavé et l'Orangina est frais. Georges, notre gardien, armé d'un arc et de nombreuses flèches, ne laisse approcher personne la nuit. Notre jardinier est lancé sur un beau projet de jardin potager. À notre grande surprise, tout le ravitaillement en fruits et légumes vient du Cameroun voisin alors qu'ici, tout pousse très rapidement. Un oranger s'apprête à nous donner de délicieuses petites oranges, un avocatier nous fait la même promesse si on a la patience d'attendre 15 jours, et quelques bananiers également. Nous avons aussi planté des radis et des tomates. Les bâtiments de nos stagiaires sont en assez bon état, mais sans électricité. En revanche, nous y avons installé tout ce qu'il faut pour faire de l'instruction dans de bonnes conditions : salles d'étude, bureaux de chefs de section, chambres, infirmerie etc. Chacun a préparé ses locaux et ses papiers pour l'arrivée des stagiaires, annoncée demain.

Les anciens arrivent

Mercredi 28 octobre, jour J. Ils arrivent… Tout est prêt pour les recevoir. Nous avons même fait rétablir l'électricité, ce qui n'a pas été une mince affaire ! Nous sommes tous rassemblés sur l'aérodrome de Bouar pour les accueillir. Deux vieux avions à hélices pétaradent jusqu'à notre hauteur et 91 militaires de tous grades en descendent, dans toutes les tenues et dans tous les états, y compris l'ivresse… Nous chargeons nos élèves (un peu inquiets) et leurs bagages (très hétéroclites) dans nos camions et les acheminons vers la chaîne d'incorporation que nous avons organisée.

Le programme de leurs onze semaines d'instruction est prêt. Aujourd'hui et demain, nous les incorporons et vendredi matin aura lieu la cérémonie d'ouverture officielle du stage. L'âge moyen est plus proche de 40 ans que de 20, et tous ces braves militaires n'ont plus jamais suivi d'instruction depuis celle de leur début de carrière. Ce n'est pas un stage de formation de jeunes recrues, mais un stage de recyclage d'anciens que nous allons avoir à conduire.

À l'occasion de la prise d'armes d'ouverture du stage, Doucet et moi avons forcé sur les relations publiques en invitant près de 80 personnes : les cadres des différentes unités françaises et centrafricaines ainsi que les autorités locales, préfet, sous-préfet et maire. Nous avons acheté des cabris un peu partout pour faire un méchoui. Le but est de nous mettre dans la poche quelques ronchons jaloux de notre indépendance et de faire rapidement la connaissance de tout le monde. Nous avons en effet la chance d'être complètement indépendants, géographiquement

DAO, le sésame de Bouar.

et hiérarchiquement, ce qui est assez rare dans l'armée française. Il est vrai que nous sommes pratiquement détachés au sein de l'armée centrafricaine. J'ai d'ailleurs une 504 militaire des FACA, un peu cabossée, mais qui roule (malheureusement sans roue de secours, ni cric…).

Le travail s'annonce donc très intéressant et très prenant, mais nous ne nous faisons aucune illusion sur l'impact réel de ce stage de recyclage car, à peine retournés dans leurs unités d'origine, les vieilles habitudes africaines vont reprendre le dessus : le soldat travaille un peu car tout le monde le commande, le sous-officier boit et trafique, l'officier s'occupe de ses affaires personnelles et ne fait rien, disent les mauvaises langues…

DAO, le sésame de Bouar

La région de Bouar est plutôt dans l'opposition et les troupes françaises font un peu figure d'occupants. En revanche, notre DAO, où Noirs et Blancs s'instruisent ensemble, a une grosse cote. DAO est devenu un excellent mot de passe pour la population qui traverse le camp dans tous les sens. Les militaires français des autres unités sont un peu jaloux et le pot d'accueil devrait contribuer à briser la glace. Comme dit finement un des sous-officiers du régiment : ce n'est pas la mer à Bouar !

Le succès a dépassé nos espérances. Il faut dire que nous avions fait un gros effort de décoration et que nous étions même allés chercher un groupe folklorique à 30 kilomètres de Bouar pour animer la soirée.

Le lendemain, nous avons reconnu les champs de tir et les terrains d'exercice dans un paysage magnifique aux horizons immenses. Nos 90 officiers et sous-officiers centrafricains étaient maintenant habillés, équipés, logés, nourris et testés.

Dimanche matin, 1er novembre, nous avons organisé des rencontres sportives mêlant cadres et stagiaires. Nous prenons nos repas dans un boukarou (une case) que nous avons construit nous-mêmes. Durant la semaine, nos activités sont plutôt soutenues. Réveil à 5 heures 30 et couleurs à 6 heures 30, suivies d'une séance de sport, de 8 heures 15 à 12 heures 15 instruction, puis déjeuner, de 14 heures 45 à 18 heures de nouveau instruction, puis dîner à 19 heures suivi d'une étude obligatoire jusqu'à 22 heures, heure à laquelle les groupes électrogènes s'arrêtent. Chaque semaine, nous passons, de plus, 48 heures d'affilée sur le terrain. Quant au week-end, les distractions sont inexistantes, l'action sociale des armées n'étant pas particulièrement tournée vers les troupes d'outre-mer. Le fait de conserver la tenue militaire, même ce jour-là, permet un très bon contrôle de tout le détachement. La ville est loin du camp, les activités du week-end se partagent entre les activités sportives que nous organisons et les différents services de garde et de permanence. Notre indépendance totale fait que nous travaillons dans une excellente ambiance et les conditions de travail sont véritablement idéales. Comme distractions, nous avons une table de ping-pong, un jeu de pétanque et des jeux de cartes. Malheureusement, nous n'avons pas de livres, mais nous disposons d'un poste de radio.

La nuit tombe un peu avant 18 heures. La température est très douce, c'est la fin de la saison des pluies.

Cette première semaine est passée comme l'éclair. Je viens de signer deux lettres de licenciement pour des *boys* surpris à chaparder. Nous continuons à essayer d'améliorer notre installation, mais il n'y a pas moyen de trouver de la peinture. Notre potager a bien démarré, mais je viens d'apprendre qu'il fallait neuf mois à un bananier pour donner un régime, alors les nôtres ne serviront qu'à la décoration. Nous passons la soirée de ce premier dimanche agréablement dans notre paillote. L'alimentation est assez équilibrée avec fruits, légumes et viandes venant du Cameroun. Nous essayons d'améliorer les repas de nos stagiaires qui paraissent plutôt légers en regard des activités que nous leur imposons. A chaque repas, ils n'ont qu'un peu de viande et une seule boule de manioc.

Des stagiaires enthousiastes

Le stage a commencé dans de très bonnes conditions et se poursuit maintenant sans problème. Les Centrafricains sont enthousiastes et apparemment ravis de faire de l'instruction. Sans téléphone, sans servitudes et sans contrôles extérieurs, notre instruction est menée sans à-coup, ce qui fait la joie des cadres du régiment. Nous avons fini par obtenir un peu de peinture et nous avons repeint quelques bâtiments, tracé des allées et planté une trentaine de bananiers pour égayer notre environnement. Il pleut encore un peu tous les jours et, la nuit, on supporte une couverture, mais l'acclimatement n'a pas été difficile, en raison de la douceur du climat. Le sport matinal est le bienvenu car les matinées sont même fraîches. Lorsque nous traversons un village, le DAO entonne un chant bien rythmé en sango où figurent tous les noms des instructeurs. Nous avons fini par dénicher un manuel de sango et nous essayons de traduire ce qu'ils peuvent bien raconter sur nous ! Ils ont des croyances invraisemblables. L'un d'eux nous a expliqué que, s'il y avait beaucoup de vent en ce moment, c'est à cause d'un certain Samba qui habite à une trentaine de kilomètres d'ici et qui fait souffler le vent. Alors les gens viennent lui apporter de l'argent pour que le vent cesse ! En fait, il y a toujours du vent entre la saison des pluies et la saison sèche…

Le paysage est reposant. Les animaux sauvages sont rares, mais les insectes et les reptiles sont nombreux. La nivaquine quotidienne n'est pas oubliée et notre infirmier est parfaitement compétent pour les petites blessures ou les maladies banales. Nous avons un hélicoptère en cas de problème plus grave. La semaine dernière, l'un de nos stagiaires a reçu un télégramme lui annonçant la naissance d'une fille. Au rassemblement, je lui ai fait cadeau d'une layette. Les Centrafricains en sont restés comme deux ronds de flanc !

J'ai d'ailleurs agi avec une certaine légèreté car c'est un événement qui risque de se reproduire souvent : nos 78 stagiaires mariés totalisent pour l'instant 404 enfants. J'ai fait le calcul d'après leurs livrets ! Il y a heureusement douze célibataires…

Colons, croyances et guérisseurs

Le dimanche 8 novembre s'annonce calme et débute par une grasse matinée jusqu'à 7 heures ! Le cross quotidien est, quant à lui, remplacé par une partie de ping-pong et la messe en sango est dite par des missionnaires italiens. L'un d'entre eux est à Bouar depuis 20 ans. Après le déjeuner à la popote où l'on fête l'anniversaire d'un sous-officier, une petite sieste coloniale précède le traditionnel tour en ville du dimanche où nous allons dans le quartier haoussa nous faire dévaliser par le seul marchand camerounais chez qui nous discutons interminablement pour faire baisser les prix. Le matin du 11 novembre, nous participons aux cérémonies commémoratives dans un vieux cimetière militaire français perdu dans les hautes herbes. Les troupes françaises ne sont pas éternelles et je me demande qui l'entretiendra après leur départ.

Nous rencontrons à cette occasion plusieurs Français établis dans la région : M. Vidal, archéologue qui vit à Bouar depuis 21 ans et M. Mangin, qui s'occupe de la régie des eaux et qui est à Bouar depuis 31 ans.

La semaine passée, nous avons pas mal circulé dans les villages alentour à l'occasion de nos différents exercices. Nous rendons toujours visite aux chefs de village et dès que les habitants apprennent que nous sommes DAO et pas EFAO, nous sommes acclamés ! C'est l'avantage de travailler avec et pour les Centrafricains.

Nous avons eu cette semaine nos premiers exercices de nuit et certains de nos stagiaires n'étaient vraiment pas rassurés. Il a fallu en convaincre plus d'un de la vanité de leur peur. Certains nous ont raconté de sombres histoires de « *bouts d'hommes* » qui entraînent les isolés dans la brousse pour les perdre sans rémission. La saison des pluies semble terminée et il fait maintenant un temps magnifique. Cependant, nous sommes tous plus ou moins enrhumés, non pas à cause de la fraîcheur du climat, mais à cause des herbes de la savane qui sont très hautes. On y respire des particules de « foin ». Les stagiaires sont sujets aux mêmes maux, mais eux ont des guérisseurs ! Ils font bouillir des écorces pour se soigner.

Chaque fois que nous allons sur le champ de tir, nous apercevons tantôt une mangouste, tantôt un serpent, jamais les deux ensemble ! Nous avons donc demandé aux guérisseurs leurs techniques en cas de morsures de serpent. Les « soins » sont originaux : pour l'un, il suffit de faire des entailles autour de la morsure, de verser de l'essence dessus… et de boire une cuillerée d'essence ! Pour un autre, il faut écorcher un cochon et frotter la peau sur la plaie. Il paraît que c'est efficace, mais lorsqu'un serpent noir que je n'avais pas vu a détalé sous mes pieds, j'ai fait un bond d'un mètre rien qu'en pensant aux recettes de mes guérisseurs.

Le samedi 14 novembre, nous allons reconnaître un terrain d'exercice à une trentaine de kilomètres au nord dans un paysage magnifique. L'herbe y est moins haute et c'est plus facile pour nos manœuvres et exercices. Nous travaillons tout le week-end pour améliorer encore notre cadre de vie. Nous avons repeint en blanc toute la maison où nous logeons et nous avons dessiné une magnifique chimère sur un mur que nous éclairons à l'aide d'un projecteur. Le colonel Norlain doit venir nous voir au cours de la troisième semaine et nous lui avons préparé un programme pas trop chargé mais agréable, pour qu'il puisse revenir à Bayonne de bonne humeur et en pleine forme.

La visite du chef de corps

Notre chef de corps a débarqué le lundi matin, 16 novembre, à l'aérodrome. On lui avait préparé un appartement confortable, un bon petit déjeuner et un beau programme. Puis nous l'avons emmené faire le tour des différentes brigades avant un déjeuner en commun avec tout le détachement, une séance de tir et une autre de combat, entrecoupées d'une visite au bijoutier camerounais pour qu'il ne reparte pas les mains vides. Dans les hautes herbes, il s'est entaillé le bras, constatant ainsi que nous menons une vie périlleuse ! A la tombée de la nuit, nous l'avons emmené sur une montagne d'où l'on domine toute la région avant de lui proposer un méchoui de cabri avec toute l'équipe.

Le lendemain, nous l'avons emmené à notre séance de sport quotidien. Nos amis centrafricains ont sorti tout leur répertoire de chants traditionnels et, en croisant des petits Centrafricains qui allaient à l'école, nous nous sommes arrêtés pour leur faire réciter leurs leçons. Ils étaient ravis.

Bouar rime avec lupanar

Le stage se poursuit sans incident. C'est déjà la fin de la troisième semaine. Les nuits sont fraîches avec 16° et les journées très chaudes, 32° à l'ombre. Les grandes herbes à éléphant commencent à se dessécher et des feux de brousse sont allumés un peu partout. Cela fait fuir les animaux et nous permet de les admirer : quelques antilopes et beaucoup de pintades, des lièvres et des tourterelles. Tous les matins, un bel oiseau à très longue queue vient nous chanter une chanson. J'ai enfin trouvé son nom, c'est une veuve !

L'ambiance est toujours bonne à l'intérieur du détachement, il faut dire que le voisinage avec les EFAO a tendance à nous faire rentrer dans notre coquille. Bouar regroupe un certain nombre d'unités en plus du 2e RIMa : une compagnie du 2e REP, un escadron du 1er RHP, une compagnie du 3e RPIMa, des équipes du 13e RDP et notre DAO. C'est un beau commandement, mais le chef de corps du moment ne commande rien, il gère…

Le camp est devenu un véritable lupanar, envahi par les filles et les marchands. En l'absence d'une autorité centrale, chaque unité vit comme elle l'entend et sans s'occuper de ses voisins. Dans ces conditions, un voleur peut traverser tout le camp avec un sac marin rempli sur le dos, personne ne l'arrêtera, à part le REP ou notre DAO. En fait, il n'y a pas véritablement un camp, mais plusieurs petites citadelles. Celle des légionnaires et la nôtre sont très différentes, mais toutes deux sont imprenables !

Les éclats d'un obus

Les repas sont de moins en moins appréciés avec beaucoup trop de conserves, de la viande toujours bouillie et pas assez de verdure ou de fruits. Nous améliorons l'ordinaire avec les avocats du jardin car les régimes des bananiers seront pour nos successeurs, les mangues aussi. Les semaines passent vite mais les fins de semaine sont plus longues

Visite d'autorités à Bouar en RCA.

malgré les rencontres sportives que nous organisons avec les stagiaires en football et en volley-ball. L'après-midi, invariablement, je vais prendre le thé chez notre ami camerounais, musulman, bijoutier et… brigand. La conversation porte surtout sur l'Islam.

La saison sèche porte bien son nom, plus une goutte de pluie depuis deux semaines. Un vent très sec souffle tout le temps. Les grandes herbes sont devenues jaunes.

Le 23 novembre un accident stupide aurait pu très mal se terminer. Deux stagiaires ont ramassé un objet sur le champ de tir et l'ont jeté sur le côté. C'était un obus de mortier qui a explosé au contact du sol. Ils ont été sérieusement blessés et la brigade du capitaine Chardon a bien failli être décimée car ils étaient juste en contrebas et les éclats ont sifflé au-dessus de leurs têtes. Doucet a parfaitement réagi en faisant venir l'hélicoptère qui a évacué les blessés à l'hôpital de Bouar où je suis allé les retrouver. Les bâtiments de l'hôpital sont complètement décrépits et la salle d'opération est d'une saleté repoussante avec du sang séché partout. Je ne me suis pas attardé et, après m'être assuré que nos loustics criblés d'éclats s'en sortaient sans trop de mal, j'ai fui ces lieux « inhospitaliers ». Je passe sur la tonne de paperasse qu'il a fallu remplir.

Les 25 et 26 novembre, nous avons reçu la visite du colonel Guillemet, chargé à la Coopération de l'équipement des forces africaines. Très aimable et très disert, il a eu ainsi l'occasion de voir la légère distorsion existant entre les budgets qu'il alloue et les réalisations en bout de chaîne, en particulier les Jeeps Samo dont nous sommes équipés. Elles ne sont sans doute pas chères à l'achat, mais elles coûtent très cher en réparations et sont bien fragiles sur les mauvaises pistes. Les salades aussi rendent l'âme ! Il faut dire que le « jardinier » les arrose en pleine chaleur et que cela n'a pas dû les arranger.

Fini Jeanbedel, vive Fêtnat

Premier décembre 1981, jour de la fête nationale de la RCA. En fait, les cérémonies ont déjà commencé la veille par les offices religieux des différents cultes. J'ai choisi d'aller d'abord à la mosquée du quartier haoussa. Après, je suis allé à l'office catholique de la mission Saint-Joseph avec de très jolis chants accompagnés de balafon. En revanche, lorsque je suis arrivé à l'église baptiste, l'office était déjà terminé.

Après ce bel exemple d'œcuménisme, les fêtes se sont poursuivies par un défilé militaire. Tous les cadres du DAO étaient dans la tribune avec le préfet, le sous-préfet et le maire. Nous avions pris quelques précautions pour ne pas terminer comme Sadate. Les troupes ont défilé et les plus applaudis ont été nos stagiaires qui ont défilé impeccablement pour notre plus grande fierté. Le matin, au camp, nous avions hissé au sommet du mât des couleurs un immense drapeau centrafricain de dix mètres de long trouvé à Bangui dans la villa de l'ex-impératrice. Pour couronner le tout, nous avions acheté des croissants pour tout le stage.

L'après-midi étaient organisées des rencontres sportives sur le stade de la ville. Clou de la journée, un match de football opposant les vétérans militaires (Français et Centrafricains) aux vétérans civils (Centrafricains). Le score final a été de deux buts partout. Je n'avais jamais joué devant des milliers de spectateurs et il y avait beaucoup d'ambiance dans les tribunes. Nous avons bien ri et les spectateurs aussi, bien qu'entre 10 heures et 15 heures, on ait plutôt tendance à rechercher l'ombre.

Le soir, Doucet et moi étions invités chez le commandant du groupement de gendarmerie centrafricain. Il y avait là tout le gratin de Bouar. Les femmes de gendarmes, en costumes traditionnels, formaient une haie d'honneur à notre arrivée. Elles ont chanté, dansé et joué des scènes de théâtre toute la soirée. Leurs maris les relayaient en chantant des chansons militaires. La nourriture aussi était typique et nous avons quelque peu souffert. Le manioc sent trop mauvais au goût européen. Quant à la viande, depuis qu'on l'a vue au marché…

Pour la première fois en tout cas, nous étions en civil, car c'était la tenue demandée sur l'invitation. Le gendarme, maître de maison, était un joyeux luron. Il a passé cinq ans comme attaché militaire à Moscou. Il faut préciser que, dans les républiques africaines, on envoie bien souvent comme ambassadeur ou comme attaché des gens dont on souhaite se débarrasser ou que l'on veut tout au moins éloigner. Notre hôte possède une douzaine de voitures dont il assure la location. Nous avions eu quelques mots avec ses subordonnés car ils avaient tenté leur chance pour nous subtiliser de l'argent et du carburant.

Le lendemain, toujours à l'occasion de la fête nationale, nous étions à nouveau invités à déjeuner. Cette fois chez le sous-préfet ! Rien qu'à l'idée de l'odeur du manioc, j'en étais malade. La veille, j'avais réussi à camoufler tout ce qui restait dans mon assiette sous des peaux de bananes ! Finalement, cela ne s'est pas trop mal passé. Ce sous-préfet ne m'inspirait guère, mais il a l'excuse d'avoir passé neuf ans en prison sous le régime de S.M. Bokassa. Il y avait à peu près les mêmes convives que la veille. Le préfet, qui a beaucoup d'humour, était là aussi. Il est resté cinq ans ambassadeur à Tripoli. Mon homologue centrafricain, le commandant du centre d'instruction, était présent, mais sans ses deux femmes (ils en ont légalement droit à cinq). Les villas de fonction de tous ces messieurs étaient autrefois de très belles maisons coloniales, mais elles ne sont plus que ruines crasseuses avec un mobilier déglingué et une vaisselle assez folklorique. Nous sommes partis vers 14 heures et sommes allés prendre le thé chez Ousman, notre ami pirate du quartier haoussa.

Le président me répond

Les colis de Noël commencent à nous parvenir, de la maison et du régiment. Le foie gras est mis au frais en attendant le jour J. Nous avons prévu d'être en brousse pour le réveillon avec tout le détachement. A propos de bon dîner, j'ai écrit au général Kolingba, qui est un homme très occupé, à la fois président de la RCA, chef d'état-major général des armées et ministre de la Défense, en lui demandant un secours financier pour le Noël des stagiaires. Le responsable de l'assistance militaire française m'avait dit que je perdais mon temps et que je ne recevrai ni réponse, ni argent. Et bien il s'est trompé : j'ai reçu ce matin un télégramme m'accordant la somme demandée !

Il vaut toujours mieux traiter avec le Bon Dieu qu'avec ses saints. Après la messe de minuit, j'organiserai un réveillon et le soir du 25 décembre, nous ferons un méchoui pour les stagiaires avec l'argent du président. Quant au 1er janvier, nous le passerons en brousse.

En attendant Noël, notre ménagerie s'agite. Notre chat Isidore a pris la poudre d'escampette. Phoenix, notre perroquet, se porte à merveille. Nous l'avons baptisé ainsi car c'est le nom de code du détachement d'alerte des EFAO. Notre perroquet n'a pas l'air très guerrier, le détachement non plus. J'allais oublier notre singe qui se nomme Mocaf (c'est le nom de la bière locale !) et les deux caméléons anonymes. A défaut d'animaux sauvages, nous contemplons ce petit monde animal. Il y a bien quelques gazelles, des pigeons verts et des aigles, mais les panthères ont entièrement disparu alors qu'il y a trente ans, il y en avait des milliers dans la région. Nous croisons aussi des troupeaux de zébus gardés par des nomades venus du Nord. Et dans le ruisseau où nous nous débarbouillons, il y a de gros poissons chats, des crevettes et même des crabes d'eau douce.

Exercice d'héliportage pour ces élèves du DAO.

Très bon le « pâté »

Nous n'aurons pas de foie gras pour Noël. Mon sous-officier dépanneur est rentré très tard d'une intervention. Comme il n'y a plus d'électricité à partir de 22 heures, son adjoint, qui avait un petit creux, a pris à tâtons une boîte de conserve dans le réfrigérateur et lorsque le lendemain matin, je l'ai entendu dire qu'il avait *« trouvé le pâté vachement bon »*, je me suis précipité sur le frigidaire, mais la catastrophe avait déjà eu lieu. J'avoue avoir injurié ce caporal-chef d'une façon que ne prévoit sûrement pas le règlement de discipline générale.

Juste après Noël, je suis convoqué à Bangui pour une réunion de travail à l'état-major des FACA. Il s'agit de mettre au point la fin de notre stage. La cérémonie de clôture devrait avoir lieu le 20 janvier, un général français viendrait à cette occasion de Paris, sans doute le patron de la coopération militaire. Nos stagiaires prendraient l'avion le 25. Quant à nous, en attendant le DC 8 du 12 février, aux dernières nouvelles, on nous enverrait en tournée avec une unité centrafricaine dans une réserve de chasse pour chasser… les braconniers. Enfin, du moment que nous ne restons pas inactifs après la fin du stage. Ce que nous ne souhaitons surtout pas, c'est rester à Bangui en n'ayant rien à faire.

Le Noël des poilus

Mes poilus ont fabriqué un sapin artificiel du plus bel effet (il faut aimer) et les personnages de la crèche sont faits avec de la laine, du coton et du fil de fer. Le bœuf ressemble à une panthère, ce doit être le climat. Mais c'est tout de même amusant de voir certains lascars qui ne croient ni en Dieu, ni au diable se décarcasser pour fêter Noël. Quant au 1er janvier, Doucet et moi avons organisé cela en pleine brousse avec un méchoui de cabris et un feu d'artifice ! J'ai même obtenu des hélicoptères pour transporter nos stagiaires. Nous reviendrons à pied (30 kilomètres) en souhaitant au passage bonne année à tous les villages traversés.

Nous passons un Noël très digne, mais bien loin des nôtres. L'après-midi du 24 décembre, nous avons tous mis la main à la pâte pour préparer le réveillon. La décoration de la paillote était particulièrement réussie grâce à des myriades de fleurs que nous avons cueillies un peu partout, surtout dans les arbres. La crèche a été faite par mes mécaniciens, mais j'ai dû redresser quelques erreurs historiques. Le sapin m'a donné beaucoup de mal. Pour ne pas avoir le même genre de sapin artificiel que nos stagiaires, j'étais allé voir l'inspecteur des forêts pour qu'il m'indique l'arbre qui ressemblait le plus à un sapin et, après avoir obtenu les autorisations nécessaires, nous sommes allés couper une espèce de pin qui avait fière allure et nous l'avons entouré de guirlandes. Quant au menu du réveillon, par l'intermédiaire des équipages de Transall en particulier, nous sommes parvenus au résultat suivant : six huîtres, une demi-langouste, une rondelle de foie gras, du jambon de Bayonne, du confit de canard, une salade de fruit et une bûche de Noël ! Nous sommes allés à la messe de minuit, à minuit et en sango. Le plus jeune caporal du détachement, déguisé en Père Noël, a procédé ensuite à la distribution des cadeaux (très démocratiquement, le même pour tous). Nous avons profité de l'occasion pour fêter cinq anniversaires, ce qui rendait la soirée vraiment familiale.

Des hooligans troublent la fête

Le 25, nous avions organisé des rencontres sportives (encore !) entre notre DAO et les EFAO. L'après-midi en particulier avait lieu un match de football. La partie était assez virile et le DAO l'emportait quand un malheureux incident a tout fait dégénérer. A l'origine, un coup de poing donné par un sous-officier français manquant de sang-froid. Mais comme ce coup de poing a été donné à un de nos stagiaires devant des centaines de spectateurs africains, ceux-ci ont envahi le terrain et la bagarre, devenue générale, a pris des allures franchement racistes, dans le genre chasse aux blancs. Nous sommes arrivés à rétablir l'ordre, mais les infirmiers ont eu pas mal de travail. Nous avons regroupé tout le monde dans nos cantonnements, pansé et recousu les plaies, et organisé un méchoui avec nos stagiaires.

Miracle de Noël, la bonne humeur est revenue et l'ambiance était formidable. Danses, sketches et contes nous ont ravis. L'Afrique profonde a du bon et les contacts que nous avons liés avec nos stagiaires ont porté leurs fruits et nous ont permis de terminer la soirée dans la joie. Je crois que la formule d'assistance que nous pratiquons est la bonne, et non les gros bataillons l'arme au pied qui sont perçus comme une armée d'occupation difficilement supportable.

Le réveillon du DAO et le réveil de l'AMT

Après avoir manœuvré et tiré toute la journée du 31 décembre, chaque brigade s'installe en bivouac et fait cuire son méchoui. Pour Doucet et moi, la plus longue nuit de l'année commence, car nous faisons la tournée des quatre brigades et chacune présente des sketches, des chants, des mimes et des danses autour d'un feu. A minuit, grand feu d'artifices à base de fusées éclairantes et autres signaux, puis avalanche de souhaits de bonne année en français et en sango. La forêt est redevenue calme vers 2 heures du matin, mais à 6 heures, tout le monde est reparti pour une marche à la boussole digne d'une nuit de réveillon.

Le 6 janvier, il a plu pour la première fois depuis deux mois. Depuis le temps que nous dégustons de la poussière, cela nous a fait beaucoup de bien. L'examen de fin de stage approche et les stagiaires travaillent avec acharnement. Heureusement que l'électricité est coupée à 22 heures, sinon ils passeraient toute la nuit à réviser. Ce stage a l'air de représenter pour eux tout leur avenir et leur motivation est notre grand sujet d'étonnement. La cérémonie de clôture aura lieu le 23 janvier. La manœuvre commune que nous devions faire avec les FACA tombe à l'eau, car ils n'ont plus d'argent, ni de carburant.

Depuis le 9 janvier, nous n'avons plus d'eau à Bouar. Nous avons emprunté une citerne et avec notre appareil de purification, nous avons pu récupérer et traiter quelques centaines de litres d'eau, mais j'espère que les pompes et les canalisations qui ont cédé vont être réparées rapidement, car il faut presque une heure pour purifier cent litres. Il fait à nouveau très beau et très sec et nous continuons à consommer beaucoup de poussière. Sans eau pour se laver et faire une lessive, l'effet est particulièrement réussi.

Nous ne savons toujours pas si nous allons avoir des successeurs. Le problème de l'assistance militaire, c'est qu'il s'agit souvent d'un coup d'épée dans l'eau. Ou bien on fait le travail à leur place et ce n'est pas spécialement formateur. Ou bien on sert de tuteur, mais quand le tuteur s'en va, tout s'effondre. Il faudrait trouver une solution intermédiaire…

Une simple parenthèse ?

Dimanche 24 janvier, le stage est fini et la semaine écoulée a été bien remplie avec l'examen de fin de stage, l'inspection du général directeur de la coopération, la cérémonie de fin de stage et la préparation de l'après-stage. Nos élèves regagnent leurs pénates le 25. Les dossiers sont remplis, les notes sont faites et le compte-rendu final aussi, que je porterai le 26 à Bangui. J'en profiterai pour régler tous les problèmes administratifs du stage et pour préparer notre périple dans le nord-est du pays. Cela représente 3 000 kilomètres de pistes à parcourir et il nous faut la semaine pour tout préparer sans rien oublier. En plus,

La fête de fin de stage.

nos successeurs du nouveau DAO arrivent et il va falloir passer les consignes, alors que nous avons tous plutôt envie de souffler.

La fête de fin de stage a été très réussie et comme les compliments étaient en sango, nous n'avons pas eu à rougir. L'embarquement de nos ex-stagiaires a duré trois heures ! Les équipages de l'Armée de l'air centrafricaine étaient surtout préoccupés de se ravitailler à moindres frais. Le manioc coûte ici trois fois moins cher qu'à Bangui. Il m'a tout de même semblé, vu le volume de manioc embarqué, qu'il s'agissait moins de nourrir leurs petites familles que d'améliorer leurs fins de mois en faisant des affaires juteuses. Ils ont également chargé dans les soutes quelques cabris et quelques poules. En les regardant, je me suis dit qu'il ne fallait pas se faire trop d'illusions sur la portée de notre stage. Dans une semaine, il n'en restera sans doute pas grand-chose…

A l'aube du dimanche 31 janvier, c'est le grand départ de notre virée dans le Nord qui va durer huit jours et nous conduire à 1 000 kilomètres de Bangui, dans une région magnifique peu connue des Français mais très appréciée de VGE : le parc national d'Awakaba, ex-domaine de chasse impérial de S.M. Bokassa Ier. C'est une immense réserve d'animaux, inconnue des touristes (parce qu'interdite), mais malheureusement très connue des nombreux braconniers centrafricains, tchadiens et soudanais. Nous y allons par la piste, mais Bokassa et ses invités s'y rendaient en avion puisque ce mégalomane avait fait construire — et financer par la France – un terrain d'aviation de 2 500 mètres de longueur permettant l'atterrissage des avions gros porteurs modernes.

Un domaine très réservé

Mais l'heure est aux réjouissances avec notre safari-récompense intitulé « *Mission de reconnaissance N'Delé Awakaba* ». Nous sommes une

Récolte du coton.

trentaine, dont six militaires et gendarmes centrafricains, à bord de quatre VLRA, véhicules très bien adaptés aux pays du Sahel. Leur châssis sert en particulier de réservoir d'eau potable. Nous avons prévu trois jours de déplacement à l'aller, deux jours à Awakaba et trois jours à nouveau pour le retour sur un itinéraire unique: Bangui – Sibut – Kagabandoro – Mbres – Bangoran – Ndele – Awakaba, soit une distance d'environ 1 000 kilomètres de pistes. Nous avons notre armement organique en cas de mauvaise rencontre avec des bandes de braconniers, mais l'usage de nos armes ne pourra se faire que sur réquisition des gendarmes qui nous accompagnent.

La première journée nous fait traverser la partie cultivée du pays et en particulier les immenses champs de coton. La récolte est en cours et les camions qui transportent les ballots ne lésinent pas sur la hauteur de leur chargement, foulé aux pieds pour le tasser. Il fait très chaud et nous nous arrêtons fréquemment pour nous rafraîchir à l'ombre des manguiers et acheter quelques délicieux pamplemousses. Le deuxième jour, la végétation s'éclaircit, laissant la place à un paysage de savane. Nous voyons de plus en plus d'animaux, les jumelles sortent de leurs étuis, les appareils de photo également. Les phacochères coupent la route de nos VLRA, les antilopes galopent à notre hauteur. Au loin, nous apercevons d'énormes rochers plats émergeant de la savane. C'est bientôt l'heure du bivouac et nous nous arrêtons au pied de l'un d'eux, mais des nids de guêpes nous obligent à prendre quelques distances. Bien nous en prend, la nuit tombe et les premiers rugissements réveillent les premiers dormeurs. Cette nuit, les sentinelles ne fermeront pas l'œil. Notre amas de rochers, c'est la tanière des lions ! Leurs rugissements sont réellement impressionnants, notre bivouac ne doit pas leur plaire et les grondements vont durer toute la nuit. Au petit matin, en levant le camp nous apercevrons une lionne toute proche en train de chasser sur un sentier. Jamais nos sentinelles n'auront fait preuve d'une telle vigilance, même au Zaïre.

Le 2 février, après avoir enrichi considérablement notre connaissance de la faune, nous arrivons en vue du domaine d'Awakaba. Nous prenons contact avec le couple de gérants, qui pourraient écrire un livre sur leurs hôtes de passage mais qui se montrent très discrets.

Sans rien avoir demandé, je me retrouve logé dans la superbe chambre présidentielle de style hollywoodien. Je ne suis d'ailleurs pas le seul, plusieurs chauves-souris partagent ce privilège à l'intérieur des doubles rideaux. La longueur très relative de mes cheveux m'empêche d'envisager le pire. La douche est la bienvenue, le lit est très confortable et j'émerge le lendemain matin d'un sommeil vraiment réparateur pour apercevoir par la fenêtre des centaines et des centaines de pintades entourant le domaine. Ce n'est pas un poulailler, elles sont réellement sauvages et j'imagine les tableaux de chasse présidentiels et impériaux. Toute la journée se passe en observations animalières : des hippotragues ou antilopes-cheval, des oribi aux immenses oreilles, des bubales et des cobs de Buffon. Le long des oueds presque à sec – nous sommes tout près du Tchad – nous trouvons de magnifiques empreintes du roi des animaux. Nous le pistons prudemment à pied, car il n'y a aucun doute, ça sent le fauve ! Mais nous rentrerons bredouilles, c'est-à-dire sans l'avoir photographié.

Le soir, nous irons en véhicules sur la piste d'atterrissage surprendre à la lueur de nos phares les centaines de gazelles et d'antilopes qui traversent l'aérodrome désert. Puis nous nous mettrons en quête des éléphants que l'on entendra sans les voir une bonne partie de la nuit. Le lendemain, en voyant au grand jour les traces de passage, aucun doute ne subsiste, c'étaient bien des pachydermes !

Non loin de là, un immense troupeau de buffles retient notre attention, mais nous conservons une prudente distance de sécurité, car leur caractère passe pour difficile et leur charge a très mauvaise réputation.

On nous a parlé du rhinocéros blanc, espèce très rare, qui existerait en petit nombre dans la région, mais c'est vainement que nous fouillerons le paysage à sa recherche. Il conservera son secret.

Le 5 février, il est déjà temps pour nous de reprendre la route du retour.

Comme le chantaient les stagiaires à chacun de nos footings matinaux : « *PASSA TI ZO TI BIRA A YEKE TI KIRI TI BA OVALI TI LO DAO NA N'DOUZOU* » (« Le souhait du combattant est de revoir sa femme après le combat… »).

Auparavant, nos stagiaires nous livrent leurs conclusions du stage : « *Dans la ville de Bouar située dans l'Ouest de la Centrafrique à 1 000 mètres d'altitude environ, s'est déroulé un stage de recyclage destiné aux officiers et sous-officiers centrafricains de toutes armes, afin de les sortir de la léthargie où les avait plongés l'ex-empereur du Centrafrique.*

Dispensé par l'assistance technique militaire française, le stage a bénéficié de la connaissance et de l'expérience de spécialistes en la matière.

Tous leurs cours permettront aux futurs moniteurs centrafricains d'encadrer valablement les troupes et de redonner ainsi le visage de marque à l'armée centrafricaine qui manque de moyens pour défendre sans recul le territoire du Centrafrique.

Le stage s'est déroulé dans un climat de bonne collaboration et de perpétuelle camaraderie.

En conséquence nous remercions très sincèrement le Gouvernement français pour avoir bien voulu nous aider à revaloriser le potentiel militaire de notre armée afin d'assurer très efficacement la sécurité de notre chère Patrie. Une allée baptisée au nom du 1er RPIMa laissera un souvenir inoubliable.

Nous avons été enveloppés de votre amour fraternel et de votre vouloir d'aider dans tous les domaines, deux armes nécessaires et suffisantes qui nous manquaient pour que la carrière militaire librement choisie par nous soit couronnée de succès.

Votre présence à nos côtés n'est autre chose qu'un stimulant et nous supporterons mal si vous nous quittez définitivement.

Toi qui viens d'obtenir ton Brevet de recyclage à Bouar, réveille-toi et enseigne le peu que tu connais à tes frères et compagnons d'armes. Les qualités tactiques, techniques et morales que tu viens d'acquérir ont fait de toi un homme disponible dont on a besoin à tout temps et à tout lieu au sein d'une jeune Armée comme la nôtre. »

Pont de lianes lors de la « mission de reconnaissance N'Delé Awakaba ».

Fanion du GO.

Épilogue

La chute du Mur en 1989, la guerre du Golfe en 1990-91 et la création du Commandement des opérations spéciales (COS) en 1992 allaient encore modifier la donne et bouleverser de nouveau les structures et les missions du régiment, devenu le creuset des Forces spéciales. Le 1er RPIMa SAS était né et il allait parcourir le monde les armes à la main accumulant les succès au prix de plusieurs morts. Aujourd'hui, en 2019, il constitue selon le général Grégoire de Saint-Quentin, sous-chef « opérations » de l'état-major des armées, l'outil idéal et crédible pour percer le *« brouillard de la guerre »* aux côtés des autres composantes interarmées et des leviers diplomatiques, économiques et informationnels.

Le Groupement opérationnel dont je viens de conter une partie de l'histoire préfigurait cette force *ad hoc*, taillée à la demande selon l'effet à obtenir. Il aurait aimé *« oser et gagner »* davantage mais les circonstances ne le lui ont pas permis. Sans avoir atteint le niveau opérationnel du 1er RPIMa d'aujourd'hui, le GO d'hier avait beaucoup de points communs avec les SAS que le 1er RPIMa de maintenant a ressuscités :

- Une sélection physique et psychologique, une formation spécifique et rigoureuse et un entrainement intensif dans différents milieux,
- Le souci de l'innovation pour se doter de matériels performants et d'équipements adaptés au sein de structures légères,
- Le non-conformisme pour ne pas être prisonnier de schémas et une remise en cause permanente pour être le plus réactif et le plus fulgurant possible,
- L'humilité en restant à sa place même si l'on côtoie de hautes personnalités et en étant conscient de mener des actions complémentaires de celles des forces conventionnelles,
- La discrétion en ne communiquant pas sur ses actions et en adoptant l'usage systématique des pseudonymes,
- L'autodiscipline et l'initiative en n'attendant pas que les ordres arrivent pour agir,
- La faculté d'adaptation en considérant que l'inattendu est la règle,

- L'implication dans tout ce que l'on entreprend et la recherche de la perfection,
- La logique du faible au fort comme le font les terroristes,
- La détermination dans l'adversité mais une éthique de l'engagement contrairement aux terroristes,
- La solidarité et le sens de l'humour…

Les membres du GO, souvent atypiques et surqualifiés, pour ne pas dire marginaux, se sont souvent heurtés aux mêmes mesquineries dues à la méconnaissance de l'outil, la jalousie, la crainte des ennuis, le conformisme, le cloisonnement, le mépris pour le renseignement et le peu d'enthousiasme de certains de nos chefs pour l'action. Quelques années plus tard, lors de la constitution du COS, ils ont eu la fierté d'être consultés et parfois entendus avant que les structures et les moyens de ce nouvel outil, devenu indispensable, soient arrêtés par ses fondateurs. Ils se réjouissent aujourd'hui de l'emploi intensif qui en est fait et sont remplis d'admiration pour les faits d'armes qui leur arrivent aux oreilles. Ils espèrent enfin que, malgré les crises, les changements de gouvernements et les économies qu'ils se croient tous obligés de faire supporter par les armées, le régiment continuera à disposer des moyens de s'équiper, de s'entraîner, de se déployer et d'agir partout où les intérêts français aussi bien que ses ressortissants seront menacés.

Ordre du jour de la Saint-Michel

« Officiers, sous-officiers, gradés, marsouins parachutistes et personnels civils du 1er RPIMa, si nous sommes aujourd'hui si nombreux rassemblés au cœur de la Citadelle, en famille, avec cette foi immense qui nous unit, toutes générations confondues, c'est que nous avons plaisir à nous retrouver tous chaque année, pour vivre une fois de plus notre grande et belle fête de la Saint-Michel.

Avec ferveur je m'incline devant le souvenir de nos morts et plus particulièrement de ceux qui voici quelques mois encore étaient dans nos rangs, jeunes parachutistes qui portaient en eux la force qui fit la gloire de nos anciens et qui les ont rejoints auprès de saint Michel. Je témoigne à nos blessés ma profonde affection et les assure de notre soutien indéfectible. Enfin, mes pensées les plus intimes vont à mes hommes, qui à travers le monde, servent la Chimère avec leur cœur et leur âme. Ils nous manquent tous aujourd'hui.

Du désert de Libye en 1942, aux montagnes afghanes en 2008, nous avons combattu et combattons pour que le mot Liberté, inscrit sur la devise de la République garde son sens profond et rayonne dans un monde où les valeurs fondamentales de notre civilisation sont constamment en danger. En choisissant de servir sous le béret amarante, puis rouge des parachutistes SAS et coloniaux, nous avons décidé de vivre intensément le danger et l'imprévu, la tourmente et la bagarre. Les risques pris, les dangers affrontés, les moments intenses vécus, quelle que soit la génération, quels que soient les différents lieux, sont toujours présents dans nos mémoires et nous lient à jamais.

Mais aujourd'hui, c'est surtout vers les jeunes anciens que je souhaite me tourner. Si le régiment est un incomparable outil de guerre, il le doit particulièrement à une unité peu connue que nous voulons mettre à l'honneur cette année, tant elle est le maillon essentiel entre le passé récent et le présent. Une unité qui cultive l'humilité et l'amitié, la discrétion et l'efficacité, la puissance et la ruse, bref, toutes ces vertus qui font qu'un militaire est avant tout un guerrier.

Je veux citer le Groupement opérationnel du 1er RPIMa qui, entre 1976 et 1981 a écrit avec discrétion et efficacité une page glorieuse de notre histoire, si bien qu'il a été, avant l'heure, la base des forces spéciales telles que nous les connaissons actuellement.

En janvier 1975, le 1er RPIMa est « mis à la disposition du gouvernement pour l'exécution des missions particulières définies par le Premier ministre ou le ministre de la Défense ». *Il peut être employé, soit dans le cadre de la 11e division parachutiste, soit au profit du SDECE et plus exactement de son Service Action. Cette position est confirmée en mai 1976 et c'est dans ce contexte que le GO voit le jour. Il est dissout en 1981.*

Ces quelques années vécues par 34 officiers, 62 sous-officiers et 59 caporaux-chefs vont être particulièrement intenses. Les clés de cette réussite sont en place : une structure légère avec un PC opération, un détachement opérationnel, et un détachement de cinq, puis six commandos spécialisés ; une sélection autant physique que psychologique ; une multitude de stages aux noms évocateurs : Spadassin, Spartiate, Rimmel, T.A.K, T.T.C. et des exercices multiples dans la forêt des Arbailles, le fort de Socoa et combien d'autres endroits bien connus de nos hommes aujourd'hui. La fameuse épreuve dite des 3 Glorieuses a d'ailleurs été créée dans cette période.

Au-delà des missions menées, qui sont aujourd'hui encore restées secrètes mais qui n'en furent pas moins essentielles dans plusieurs opérations majeures, notamment entre 1978 et 1980 sur la terre africaine et dans l'océan indien, le GO est avant tout une équipe d'hommes soudés par la même volonté d'excellence, le souci constant de la modestie, bref le même idéal. Ces qualités vous honorent Messieurs les anciens du GO et aujourd'hui acceptez pour cette fête de passer de l'ombre à la lumière.

BR, Olivier, Milord, Mathias, quatre généraux et les autres, du plus modeste au plus glorieux, vous vous reconnaitrez j'espère dans ce modeste hommage que les hommes de Bayonne tenaient à vous rendre aujourd'hui. Si trois d'entre vous servent encore au 1er RPIMa, le lieutenant-colonel Blanc, les adjudants-chefs Arnaud et Nam, c'est bien la preuve que la richesse de votre héritage a survécu et se fond à l'intérieur de notre régiment aujourd'hui. Vous êtes bien le socle qui a permis d'acquérir des savoir-faire indispensables pour nos forces spéciales aujourd'hui et nous vous en sommes profondément reconnaissants. C'est pourquoi, alors qu'il existe dans la citadelle une rue dédiée au SAS, une place dédiée aux parachutistes coloniaux, l'année prochaine le bâtiment qui abritera les matériels spécifiques portera le nom de « Groupement opérationnel ».

Dans quelques instants votre fanion sera remis définitivement au 1er RPIMa, il ira prendre la place qui lui est réservée parmi les glorieux emblèmes de la salle d'honneur, il sera à jamais le garant de votre souvenir qui ne méritait certainement pas d'être occulté.

Anciens et jeunes parachutistes, nous avons fait le serment d'« Oser et [de] Gagner *». Que Saint Michel nous entende et nous donne force et courage.*

Bonne Saint-Michel à tous et vivent les paras. »

Les hommes du Groupement opérationel.

S·A·S

Annexes

Annexe 1

28 décembre 1973.
Note du général François Maurin, chef d'état-major des armées, au général Guy Leborgne, commandant la 11e Division Parachutiste, lui prescrivant d'étudier la création d'une unité particulière au sein du 1er RPIMa.

LE CHEF D'ETAT-MAJOR DES ARMEES

PARIS, le 28 DEC 1973

N° 164 /EMA/EMA/CEM

N O T E

à l'attention personelle et exclusive
du Général Commandant la 11° Division

Le Ministre ayant décidé la création d'une unité chargée d'entrainer un certain nombre de personnels à l'éxécution de missions du type Commandos, j'envisage de vous confier la responsabilité de la constitution de cette formation.

J'ai demandé au Général Chef d'Etat-Major de l'Armée de Terre d'étudier les modalités de création de cette unité au sein du 1° R.P.I. Ma de Bayonne, une fois celui-ci rattaché aux E.O.D. de la 11° Division.

Vous voudrez bien me faire parvenir vos propositions concernant :

- l'aspect administratif de la constitution et du fonctionnement de l'unité envisagée

- les procédures que vous comptez utiliser pour mener à bien le recrutement et l'instruction des personnels de cette unité, avec la discrétion indispensable au succès de cette entreprise.

Annexe 2

8 janvier 1974.
Etude du général commandant la 11e Division Parachutiste sur le régiment SAS de Bayonne.

11ème DIVISION PARACHUTISTE

LE GÉNÉRAL

PAU, le 8 janvier 1974

E T U D E

SUR LE REGIMENT SAS de BAYONNE

D'abord, définir une solution finale : que veut-on faire ?
puis, prévoir les étapes : comment le faire ?

I/ LE BUT à ATTEINDRE

Il faut se fixer comme objectif de disposer avant la fin de 1975 d'un Régiment Spécial destiné :

11./ En temps de guerre, à mener des actions très fines :

Coup de commandos, sabotages, organisation de maquis, etc...

Il s'agit en fait de se doter d'un type d'unité qui manque au catalogue des moyens français. Homologuée dans le domaine "de l'Action" du 13° Dragons en matière de "Renseignement", elle correspond aux Formations anglaises SAS ou US des Special Forces.

C'est donc une formation régulière qui agit en uniforme. Comme le principe en a déjà été admis, elle fera partie intégrante de la 11°DP au sein de laquelle elle se préparera à ses missions Guerre, Métropole ou outre-mer.

12./ En temps de paix, elle devra fournir au SDECE des personnels pour des "Missions Spéciales".

Il s'agit là d'activités clandestines et évidemment secrètes.

13./ La discrétion du système est assurée par le fait que le "Régiment SAS" sert de couverture indirecte, car

- l'instruction militaire spéciale est la base de toute formation d'agent,
- les personnels ne sont pas mis en oeuvre par le REGT mais par le SDECE (CERCOTTE) qui les brieffe et les engage après leur avoir donné si nécessaire un complément d'instruction encore plus spécialisée.

.../...

-2-

14./ Il est encore trop tôt pour en fixer les structures, cela n'a d'ailleurs pas d'importance immédiate car celles-ci ne pourront se définir qu'après plusieurs expériences.

Nous savons toutefois que celles-ci devront être suffisamment souples pour, à la fois,

- ne pas être désarticulées par les ponctions périodiques du SDECE,
- présenter des petites cellules solidement encadrées.

On peut d'ores et déjà envisager une série d'équipes de 10 hommes, commandée par 1 officier ou 1 S/Officier supérieur et comprenant chacune 2 S/O. Leurs personnels devraient être interarmes comme c'est le cas du 13ème Dragons. Ces cellules devraient être engerbées dans 3 ou 4 Cies très légères.

II/ LA FORMULE TRANSITOIRE

Si l'on veut démarrer rapidement, et tout cela n'a déjà que trop tardé, il faut partir dans l'immédiat des ressources actuelles du 1°RPIMA.

21./ Il faut donc affecter sans délai le 1° RPIMA à la 11°DP et m'habiliter officiellement pour mener à bien cette affaire.

22./ Il va falloir préciser ~~qué~~ les conditions de séjour OM des Cies para outre-mer.

221./ En effet, actuellement, le 1° RPIMA est un CI chargé :

- de former les Appelés pour les Cies para. implantées en séjour de longue durée,
- de former les Engagés de 18 mois destinés à ces Cies,
- de ventiler les EVLT de bon niveau,
  - soit sur CENSDA.
  - soit sur les Cies implantées O.M.
  - soit sur les REGTS paras TDM de la 11°DP.

Si effectivement le séjour de longue durée n'existe plus et est remplacé par des Cies tournantes d'appelés ou d'engagés de la 11°DP, la quasi totalité des missions du 1°RPIMA disparaîtra et une bonne partie de son encadrement actuel pourrait être appliquée à la nouvelle mission SAS.

.../...

-3-

Il faut donc préciser le sort des paras de la Réunion et de DAKAR et on notera à ce sujet que le 1°RPIMA continue allègrement à leur envoyer des renforts.

222./ Après une rapide analyse faite avec le Colonel du 1°RPIMA, nous pourrions, si ce point est éclairci, dégager pratiquement sans délais une première amorce de Cie et après les mutations 74, bâtir la 2ème. Le Régiment, après les expériences nécessaires, pourrait alors prendre sa forme définitive après les mutations 1975.

223./ Mais il ne faut pas cacher que cette transformation va se heurter à l'opposition farouche de l'Inspection des Forces Extérieures car elle remet pratiquement en cause pour les paras le sacro saint principe du séjour colonial.

En particulier, les engagements à court terme (EVSOM - 18 mois) ne se justifieront plus pour les paras et l'on s'apercevra que la fourniture des Appelés individuels sera beaucoup plus aisément assurée par les Cies constituées des RIP et RPIMA endivisionnés ...

Il sera par contre intéressant de conserver au 1°RPIMA la formation des EVLT de bon niveau car il s'agit d'une tâche d'ensemble pour tous les RPIMA et qui, dans l'optique de cette étude, permettrait à l'unité SAS de se livrer à un recrutement discret de petits gradés et de spécialistes.

...

En conclusion, si l'on décide sans tarder du rattachement du 1°RPIMA à la 11°DP, si l'on définit sans ambiguité l'allègement inéluctable des charges actuelles OM de ce régiment, le Régiment SAS peut prendre sans tarder un bon départ et présenter en quelques mois un premier détachement opérationnel.

Il peut le faire dans l'immédiat et avec ses seules ressources et il dispose des casernements nécessaires.

Ces propositions vont se heurter aux vieilles règles de l'infanterie de marine malgré l'accueil favorable que leur réservera vraisemblablement l'EMAT. Elles auront au moins l'avantage de bousculer des structures inadaptées et lourdes et ne serait-ce que pour cela l'expérience vaut la peine d'être tentée.

31 mars 1974.
Ordre du jour du général commandant la 11e Division Parachutiste accueillant au sein de la division le 1er RPIMa rénové.

[illegible] PAU, le 31 mars 1974.

LE GENERAL

ORDRE DU JOUR N° 2

Le Général d'Armée, Chef d'État-major de l'Armée de Terre vient de décider que le 1° R.P.I.Ma ferait maintenant partie de la 11° Division parachutiste.

Issu des Parachutistes de la FRANCE LIBRE, il nous rappelera ces S.A.S. qui, de 1940 à 1945, combattirent partout du MOYEN ORIENT à la HOLLANDE et eurent l'insigne honneur d'être les premiers de tous à reprendre pied sur le sol de FRANCE.

Il poursuit actuellement à BAYONNE les missions d'instruction de la demi-Brigade S.A.S. qui en BRETAGNE de 1946 à 1960 forma tous les Bataillons Paras coloniaux qui combattirent à l'extérieur. Il nous montrera ainsi que la 11° D.P. reste tournée vers l'OUTRE-MER.

En lui redisant ma joie et ma fierté de l'accueillir, je m'incline avec émotion devant son Drapeau riche de tant de gloire.

Le Général G. LE BORGNE
Commandant la 11° Division parachutiste.

Annexe 4

21 septembre 1979.
Lettre de félicitation du Directeur général du SDECE adressée au chef du Service Action.

NON GENERAT LUMEN

LE DIRECTEUR GÉNÉRAL

PARIS, le 21 Septembre 1979

DIRECTEUR GENERAL au CHEF DU SERVICE ACTION

Aux ordres du Président de la République, votre action a grandement aidé à la fin d'une tyrannie... Il y en a d'autres !

Les personnels féminins, les personnels civils, les officiers, sous-officiers gradés et hommes du rang sous vos ordres se sont montrés dignes en tous points - détermination, organisation, technicité - du Service et des traditions de la Force Spéciale.

Bien joué.

A. de Marenches

- Monsieur le Colonel
GAIGNERON de MAROLLES

Au 1er RPIMA, élite de l'élite, tous mes vœux à ces combattants de la guerre globale.

A. de Marenches
Dir. Gal du SDECE
Avril 1979.—

28 octobre 1980.
Journal guyanais relatant le sauvetage en forêt de trois étudiants perdus.

MARDI 28 OCTOBRE 1980

Trois broussards sauvés par la Légion après avoir erré 12 jours en forêt

Paul Lucas, Michel Lebail et Joseph Hedyfie n'en reviennent pas ! Ils l'ont échappé belle ! Grâce à une section de légionnaires qui progressait en forêt.

Le début de ce véritable conte de fée remonte au dimanche 12 octobre. Vers 16h, avec armes et bagages les trois jeunes gens de 24, 22 et 20 ans décident de réaliser une première. Partant de Saint-Georges de l'Oyapock, ils veulent rallier Régina par le Layon que les légionnaires de la troisième compagnie ont tracé. La deuxième section aux ordres du lieutenant Camus a reçu pour mission de reconnaître cette zone où passera la route de l'Est.

Lucas, Lebail et Hedyfie s'engagent donc dans le début du tracé car on leur à dit qu'au terme de deux jours de marche ils atteindront Regina. Confiants, ils ont du ravitaillement pour deux jours.

Amateurs de forêt, ils ont emmené tout de même des fusils, des sabres d'abattis et tout ce qu'il faut pour la forêt.

Leur longue procession commence donc et, collines succèdent aux vallons, ils avancent. Lundi, Mardi, Mercredi Régina ne doit plus être loin. Jeudi, ils continuent à progresser. Vendredi se passe. On est aujourd'hui samedi. Toujours pas de Régina en vue. Et les vivres sont finis depuis deux jours ! Le pain a été mouillé par les grains qu'ils ont essuyé et ils ont du le jeter. Ils boivent néanmoins car heureusement il y a des criques. Dimanche matin, il arrivent à la crique Gabarré. Derrière c'est la forêt.

Le Layon s'arrête là. Michel Lebail se jette à l'eau pour essayer de rejoindre l'autre rive. La crique est en crue. Le voilà emporté par l'eau qui, sortie de son lit, charroie tout sur son passage. Ses copains arrivent à le sortir et ils décident de rebrousser chemin.

Les voilà repartis vers Saint-Georges. Ils sont de plus en plus fourbus. Mais ils savent qu'ils ne peuvent compter que sur eux-mêmes. A peine quelques heures de marche c'est la nuit.

L'obscurité arrive vite en forêt. Mouillés, crottés, ils passent leur huitième nuitée. La forêt, hurle de mille sifflets d'oiseaux, de hocco de feulements, du rire sarcastique des Couatas, du tonnerre des arbres qui se cassent, ou explosent. Ils ont la volonté de s'en tirer malgré leurs forces qui faiblissent. Ils ont réussi il y a deux jours à tuer une raie avec un baton et ils l'ont mangée car il fallait survivre. Mais depuis rien ! Rien pour arrêter ces maux de tête. Lundi en fin de matinée ils découvrent des traces de pas ! Puis ce sont des branches coupées. Elles sont relativement fraiches. Des hommes sont passés par là récemment. Ils accélèrent la cadence, les yeux fixés vers l'avant du Layon qu'ils ont emprunté.

Mardi au moment où le jour se lève, une sentinelle du 3e REI voit sortir du bois, 3 silhouettes aux regard vide. Le légionnaire n'en croit pas ses yeux. En pleine brousse ! Trois hommes, les membres endoloris, les pieds et les mains en sang, la barbe hirsute. Paul, Michel et Joseph s'écroulent. Le lieutenant Camus averti par ses hommes leur fait donner du café. On leur prête des vêtements secs.

Le médecin qui accompagne la section leur prodigue les premiers soins. Aujourd'hui c'est mardi et la section ne progressera pas. Elle attend du ravitaillement. Un sifflement dans le lointain. Des fumigènes sont allumés. Aux commandes du lourd Puma, le capitaine Domingo a vu la petite DZ. Le sergent-chef Karrer a sorti son treuil sous l'oeil de l'adjudant-chef Huver qui supervise l'opération. Un premier colis descend et quand l'élingue remonte, l'adjudant-chef Pechcomtal ne peut réprimer un mouvement de surprise. prise.

Le capitaine Domingo commandant de bord et l'adjudant Belieres mécano ont les yeux rivés à leurs cadrans. Un homme, un civil en chemisette et short kaki est accroché au treuil. Michel Lebail quelques secondes après s'assied sur le plancher de l'hélicoptère. Puis ce sera Joseph Hedyfie et ensuite Paul Lucas.

Les aviateurs sont abasourdis. Un dernier coup d'oeil aux légionnaires d'en bas. L'appareil reprend de l'altitude.

Cinquante minutes plus tard, le capitaine Domingo appelle les sapeurs pompiers. Il rend compte alors à son patron. Et Paul, Michel et Joseph sont portés par les aviateurs au Mess. Déjà l'adjudant-chef Cerdan a donné des consignes pour qu'on leur prépare à manger. Quand les soldats du feu arrivent à Rochambeau, les trois rescapés ont retrouvé le sourire. Ils ne sentent plus leurs plaies, ils ont vaincu. A l'hôpital on les gardera en observation. Dans la forêt, la 2e section de la 3e compagnie partagé le ravitaillement et les hommes ont repris leur marche.

L'incident est clos. Juste quelques lignes banales sur un carnet de compte-rendus. Et pourtant, ils ont arraché trois vies à la forêt.

Trois hommes qui ont su faire preuve de sang-froid et de courage. Ils estiment avoir marché 120 km.

Pour légionnaires et aviateurs, la mission continue. Une parmi tant d'autres... Il était une fois quelque part dans la forêt guyanaise...

Louis NATON

SOCIALE BUDGET D'ACTION DE LA C.A.F.

Pour permettre la préparation du budget d'Action Sociale de la Caisse d'Allocations Familiales de la Guyane, exercice 1981, le Directeur de cet organisme invite les Associations, les Institutions, les Oeuvres, les Collectivités etc... intéressées, à présenter dans les meilleurs délais et en tout cas avant le 31 Octobre 1980, les dossiers relatifs à leur demande de subvention ou d'aide

Tous renseignements concernant la constitution du dossier pourront être obtenus à la Caisse d'Allocations Familiales de la Guyane — Angle de la rue Molé et de l'Avenue du Président Monnerville — 97305 Cayenne — Tél : 31 23 11.

LE RECTORAT RECHERCHE DES PROFESSEURS

Le Rectorat recherche des professeurs dans les disciplines suivantes :

EN MARTINIQUE
Electrotechnique
Fabrication mécanique

EN GUADELOUPE
Peinture vitrerie
Diplôme exigé : B.T.S.

SANTE

Une délé[g…] la Gu[…] à un coll[…]

Cette année, a eu lieu un important colloque médical chez nos voisins surinamiens à Paramaribo. Le S.M.A.G. a en effet envoyé une délégation locale de médecins dans le but de participer pour la quatrième fois au colloque organisé par l'association du Surinam.

La délégation de la société médicale des Antilles et de la Guyane Française a quitté notre département vendredi 17 octobre avec à sa tête le président le docteur Jean Ganty. L'ensemble du groupe comprenait en gros

Annexe 6

Charte du soldat zaïrois.

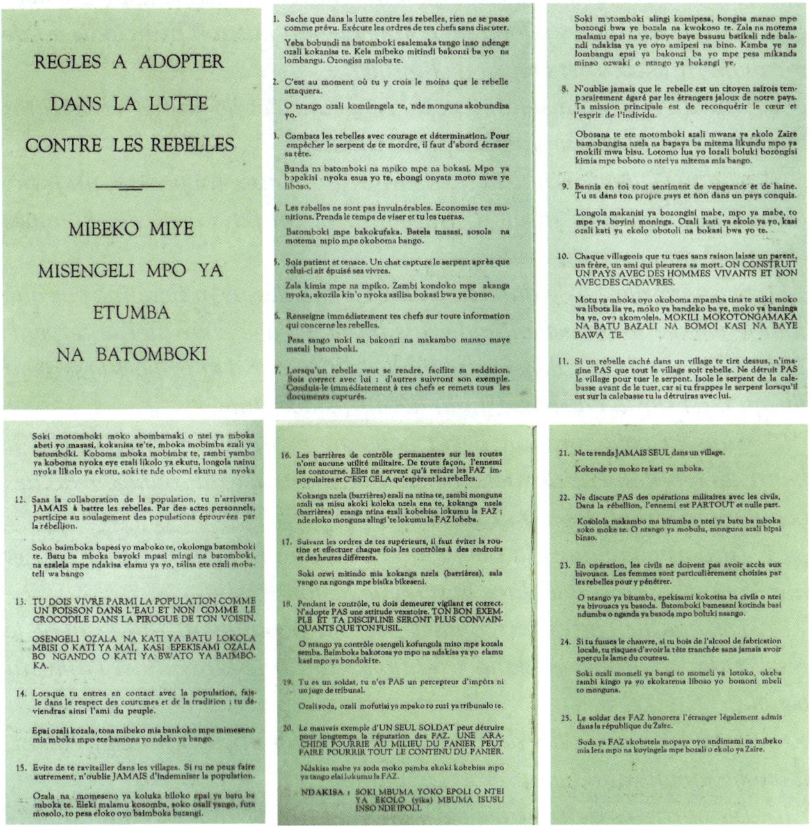

REGLES A ADOPTER

DANS LA LUTTE

CONTRE LES REBELLES

MIBEKO MIYE

MISENGELI MPO YA

ETUMBA

NA BATOMBOKI

1. Sache que dans la lutte contre les rebelles, rien ne se passe comme prévu. Exécute les ordres de tes chefs sans discuter.

Yeba bobundi na batomboki esalemaka tango inso ndenge ozali kokanisa te. Kela mibeko mitindi bakonzi ba yo na lombangu. Ozongisa maloba te.

2. C'est au moment où tu y crois le moins que le rebelle attaquera.

O ntango ozali komilengela te, nde monguna akobundisa yo.

3. Combats les rebelles avec courage et détermination. Pour empêcher le serpent de te mordre, il faut d'abord écraser sa tête.

Bunda na batomboki na mpiko mpe na bokasi. Mpo ya bopekisi nyoka esua yo te, ebongi onyata moto mwe ye liboso.

4. Les rebelles ne sont pas invulnérables. Economise tes munitions. Prends le temps de viser et tu les tueras.

Batomboki mpe bakokufaka. Batela masasi, sosola na motema mpio mpe okoboma bango.

5. Sois patient et tenace. Un chat capture le serpent après que celui-ci ait épuisé ses vivres.

Zala kimia mpe na mpiko. Zambi kondoko mpe akanga nyoka, akozila kin'o nyoka asilisa bokasi bwa ye bonso.

6. Renseigne immédiatement tes chefs sur toute information qui concerne les rebelles.

Pesa sango noki na bakonzi na makambo manso maye matali batomboki.

7. Lorsqu'un rebelle veut se rendre, facilite sa reddition. Sois correct avec lui : d'autres suivront son exemple. Conduis-le immédiatement à tes chefs et remets tous les documents capturés.

Soki motomboki alingi komipesa, bongisa manso mpe bozongi bwa ye bozala na kwokoso te. Zala na motema malamu epai na ye, boye baye basusu batikali nde balandi ndakisa ya ye oyo amipesi na bino. Kamba ye na lombangu epai ya bakonzi ba yo mpe pesa mikanda minso ozwaki o ntango ya bokangi ye.

8. N'oublie jamais que le rebelle est un citoyen zaïrois temporairement égaré par les étrangers jaloux de notre pays. Ta mission principale est de reconquérir le cœur et l'esprit de l'individu.

Obosana te ete motomboki azali mwana ya ekolo Zaïre bamobungisa nzela na bapaya ba mitema likundu mpo ya mokili mwa bisu. Lotomo lua yo lozali boluki bozongisi kimia mpe boboto o ntei ya mitema mia bango.

9. Bannis en toi tout sentiment de vengeance et de haine. Tu es dans ton propre pays et non dans un pays conquis.

Longola makanisi ya bozongisi mabe, mpo ya mabe, to mpe ya boyini moninga. Ozali kati ya ekolo ya yo, kasi ozali kati ya ekolo obotoli na bokasi bwa yo te.

10. Chaque villageois que tu tues sans raison laisse un parent, un frère, un ami qui pleurera sa mort. ON CONSTRUIT UN PAYS AVEC DES HOMMES VIVANTS ET NON AVEC DES CADAVRES.

Motu ya mboka oyo okoboma mpamba tina te atiki moko wa libota lia ye, moko ya bandeko ba ye, moko ya baninga ba ye, oyo akomolela. MOKILI MOKOTONGAMAKA NA BATU BAZALI NA BOMOI KASI NA BAYE BAWA TE.

11. Si un rebelle caché dans un village te tire dessus, n'imagine PAS que tout le village soit rebelle. Ne détruit PAS le village pour tuer le serpent. Isole le serpent de la calebasse avant de le tuer, car si tu frappes le serpent lorsqu'il est sur la calebasse tu la détruiras avec lui.

Soki motomboki moko abombamaki o ntei ya mboka abeti yo masasi, kokanisa te'te, mboka mobimba ezali ya batomboki. Koboma mboka mobimba te, zambi yambo ya koboma nyoka eye ezali likolo ya ekutu, longola nainu nyoka likolo ya ekutu, soki te nde obomi ekutu na nyoka

12. Sans la collaboration de la population, tu n'arriveras JAMAIS à battre les rebelles. Par des actes personnels, participe au soulagement des populations éprouvées par la rébellion.

Soko baimboka bapesi yo maboko te, okolonga batomboki te. Batu ba mboka bayoki mpasi mingi na batomboki, na ezalela mpe ndakisa elamu ya yo, tálisa ete ozali mobateli wa bango

13. TU DOIS VIVRE PARMI LA POPULATION COMME UN POISSON DANS L'EAU ET NON COMME LE CROCODILE DANS LA PIROGUE DE TON VOISIN.

OSENGELI OZALA NA KATI YA BATU LOKOLA MBISI O KATI YA MAI, KASI EPEKISAMI OZALA BO NGANDO O KATI YA BWATO YA BAIMBOKA.

14. Lorsque tu entres en contact avec la population, fais-le dans le respect des coutumes et de la tradition ; tu deviendras ainsi l'ami du peuple.

Epai ozali kozala, tosa mibeko mia bankoko mpe mimeseno mia mboka mpo ete bamona yo ndeko ya bango.

15. Evite de te ravitailler dans les villages. Si tu ne peux faire autrement, n'oublie JAMAIS d'indemniser la population.

Ozala na momeseno ya koluka biloko epai ya batu ba mboka te. Eleki malamu kosomba, soko osali yango, futa mosolo, to pesa eloko oyo baimboka bazangi.

16. Les barrières de contrôle permanentes sur les routes n'ont aucune utilité militaire. De toute façon, l'ennemi les contourne. Elles ne servent qu'à rendre les FAZ impopulaires et C'EST CELA qu'espèrent les rebelles.

Kokanga nzela (barrières) ezali na ntina te, zambi monguna azali na misu akoki koleka nzela ena te, kokanga nzela (barrières) ezanga ntina ezali kobebisa lokumu la FAZ ; nde eloko monguna alingi 'te lokumu la FAZ lobeba.

17. Suivant les ordres de tes supérieurs, il faut éviter la routine et effectuer chaque fois les contrôles à des endroits et des heures différents.

Soki ozwi mitindo mia kokanga nzela (barrières), sala yango na ngonga mpe bisika bikeseni.

18. Pendant le contrôle, tu dois demeurer vigilant et correct. N'adopte PAS une attitude vexatoire. TON BON EXEMPLE ET TA DISCIPLINE SERONT PLUS CONVAINQUANTS QUE TON FUSIL.

O ntango ya contrôle osengeli kofungola miso mpe kozala semba. Baimboka bakotosa yo mpo na ndakisa ya yo elamu kasi mpo ya bondoki te.

19. Tu es un soldat, tu n'es PAS un percepteur d'impôts ni un juge de tribunal.

Ozali soda, ozali mofutisi ya mpako to zuzi ya tribunalo te.

20. Le mauvais exemple d'UN SEUL SOLDAT peut détruire pour longtemps la réputation des FAZ. UNE ARACHIDE POURRIE AU MILIEU DU PANIER PEUT FAIRE POURRIR TOUT LE CONTENU DU PANIER.

Ndakisa mabe ya soda moko pamba ekoki kobebisa mpo ya tango elai lokumu la FAZ.

NDAKISA : SOKI MBUMA YOKO EPOLI O NTEI YA EKOLO (yika) MBUMA ISUSU INSO NDE IPOLI.

21. Ne te rends JAMAIS SEUL dans un village.

Kokende yo moko te kati ya mboka.

22. Ne discute PAS des opérations militaires avec les civils, Dans la rébellion, l'ennemi est PARTOUT et nulle part.

Kosolola makambo ma bitumba o ntei ya batu ba mboka soko moke te. O ntango ya mobulu, monguna azali bipai binso.

23. En opération, les civils ne doivent pas avoir accès aux bivouacs. Les femmes sont particulièrement choisies par les rebelles pour y pénétrer.

O ntango ya bitumba, epekisami kokotisa ba civils o ntei ya bivouacs ya basoda. Batomboki bameseni kotinda basi ndumba o nganda ya basoda mpo boluki nsango.

24. Si tu fumes le chanvre, si tu bois de l'alcool de fabrication locale, tu risques d'avoir la tête tranchée sans jamais avoir aperçu la lame du couteau.

Soki ozali momeli ya bangi to momeli ya lotoko, okeba zambi kingo ya yo ekokatema liboso yo bomoni mbeli to monguna.

25. Le soldat des FAZ honorera l'étranger légalement admis dans la république du Zaïre.

Soda ya FAZ akobatela mopaya oyo andimami na mibeko mia leta mpo na koyingela mpe bozali o ekolo ya Zaïre.

La Charte du soldat zaïrois.

« 1. Sache que dans la lutte contre les rebelles, rien ne se passe comme prévu. Exécute les ordres de tes chefs sans discuter.

2. C'est au moment où tu y crois le moins que le rebelle attaquera.

3. Combats les rebelles avec courage et détermination. Pour empêcher le serpent de te mordre, il faut d'abord écraser sa tête.

4. Les rebelles ne sont pas invulnérables. Economise tes munitions. Prends le temps de viser et tu le tueras.

5. Sois patient et tenace. Un chat capture le serpent après que celui-ci ait épuisé ses vivres.

6. Renseigne immédiatement tes chefs sur toutes informations qui concernent les rebelles.

7. Lorsqu'un rebelle veut se rendre, facilite sa reddition. Sois correct avec lui : d'autres suivront son exemple. Conduis-le immédiatement à tes chefs et remets tous les documents capturés.

8. N'oublie jamais que le rebelle est un citoyen zaïrois temporairement égaré par les étrangers jaloux de notre pays. Ta mission principale est de reconquérir le cœur et l'esprit de l'individu.

9. Bannis en toi tout sentiment de vengeance et de haine. Tu es dans ton propre pays et non dans un pays conquis.

10. Chaque villageois que tu tues sans raison laisse un parent, un frère, un ami qui pleurera sa mort. On construit un pays avec des hommes vivants et non avec des cadavres.

11. Si un rebelle caché dans un village te tire dessus, n'imagine pas que tout le village soit rebelle. Ne détruis pas le village pour tuer le serpent. Isole le serpent de la calebasse avant de le tuer, car si tu frappes le serpent lorsqu'il est sur la calebasse, tu la détruiras avec lui.

12. Sans la collaboration de la population, tu n'arriveras jamais à battre les rebelles. Par des actes personnels, participe au soulagement des populations éprouvées par la rébellion.

13. Tu dois vivre dans la population comme un poisson dans l'eau et non comme le crocodile dans la pirogue de ton voisin.

14. Lorsque tu entres en contact avec la population, fais-le avec le respect des coutumes et de la tradition ; tu deviendras ainsi l'ami du peuple.

15. Evite de te ravitailler dans les villages. Si tu ne peux faire autrement, n'oublie jamais d'indemniser la population.

16. Les barrières de contrôle permanentes sur les routes n'ont aucune utilité militaire. De toute façon, l'ennemi les contourne. Elles ne servent qu'à rendre les FAZ impopulaires et c'est cela qu'espèrent les rebelles.

17. Suivant les ordres de tes supérieurs, il faut éviter la routine et effectuer chaque fois les contrôles à des endroits et des heures différents.

18. Pendant le contrôle, tu dois demeurer vigilant et correct. N'adopte pas une attitude vexatoire. Ton bon exemple et ta discipline seront plus convaincants que ton fusil.

19. Tu es un soldat, tu n'es pas un percepteur d'impôts ni un juge de tribunal.

20. Le mauvais exemple d'un seul soldat peut détruire pour longtemps la réputation des FAZ. Une arachide pourrie au milieu du panier peut faire pourrir tout le contenu du panier.

21. Ne te rends jamais seul dans un village.

22. Ne discute pas des opérations militaires avec des civils. Dans la rébellion, l'ennemi est partout et nulle part.

23. En opération, les civils ne doivent jamais avoir accès aux bivouacs. Les femmes sont particulièrement choisies par les rebelles pour y pénétrer.

24. Si tu fumes le chanvre, si tu bois de l'alcool de fabrication locale, tu risques d'avoir la tête tranchée sans jamais avoir aperçu la lame du couteau.

25. Le soldat des FAZ honorera l'étranger légalement admis dans la république du Zaïre. »

Parchemin de félicitation du chef du Service Action au commandant du Groupement opérationnel.

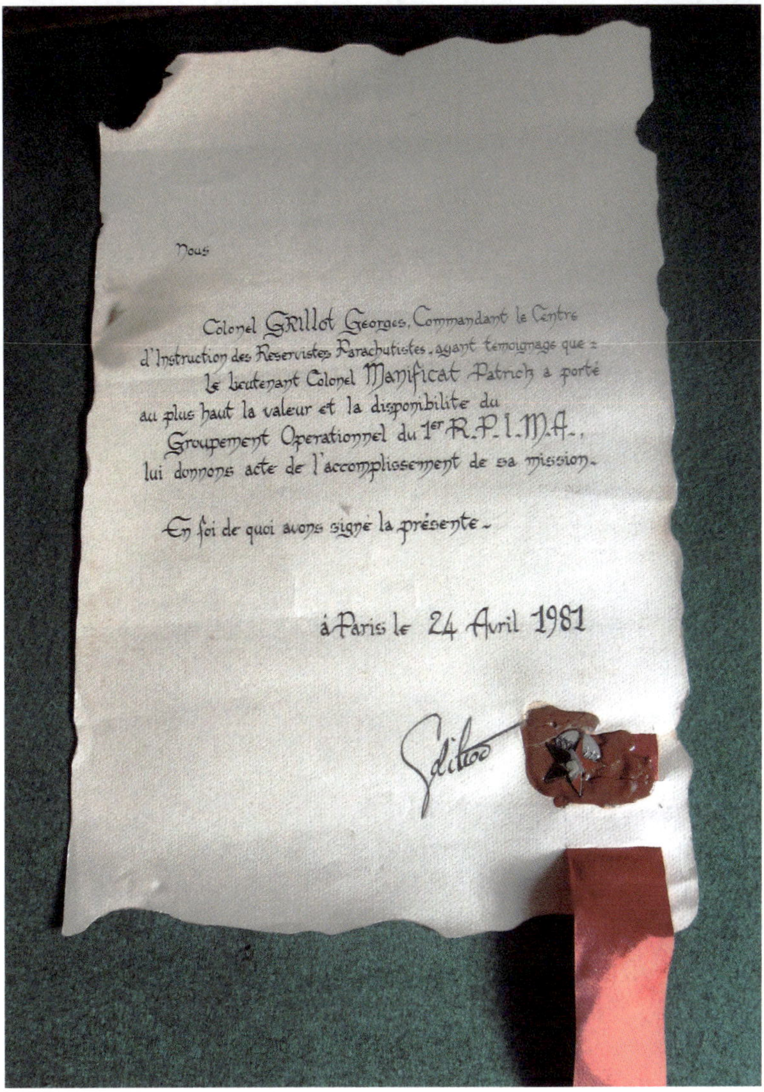

Nous

Colonel GRILLOT Georges, Commandant le Centre
d'Instruction des Reservistes Parachutistes, ayant témoignage que :
le lieutenant Colonel Manificat Patrick a porté
au plus haut la valeur et la disponibilite du
Groupement Operationnel du 1er R.P.I.M.A.,
lui donnons acte de l'accomplissement de sa mission.

En foi de quoi avons signé la présente.

à Paris le 24 Avril 1981

Lettre autographe du général Le Borgne accompagnant le dépôt des notes créant le Groupement opérationnel du 1er RPIMa à la salle d'honneur du Régiment.

Je fais don au 1er RPIMA de ces documents concernant la création en 1973 du 1er RPIMA formule SAS et de son rattachement à la 11e D.P à la place du petit centre d'instruction indépendant qu'il était alors
Je souhaite, ayant été le maître d'œuvre de cette réalisation que ces Documents soient archivés et conservés, sans doute à la salle d'honneur du Régiment.

° ° ° °

La sécheresse des textes occulte la Bataille, le mot n'est pas trop fort, qui a opposé le Chef d'EM des Armées de l'époque (Gal F. MAURIN), qui savait qu'une unité Spéciale "Action" manquait à la panoplie de ses moyens, au Gal Chef d'Etat Major de l'Armée de Terre qui redoutait les dérives de l'ancien 11e Choc à la fin de la guerre d'ALGÉRIE.
Le Gal LEBORGNE, Cdt la 11e DP, et souhaitant comme le CEMA, la création d'une unité spéciale à base d'Engagés, proposa alors de rattacher organiquement cette formation à la 11e DP, celle-ci assurant la liaison avec les employeurs (EMA - SDEC etc..) Cet aménagement obtint l'accord de l'Armée de terre, d'autant

2

qu'un nouveau CEMAT (Gal LAGARDE), plus ouvert aux idées nouvelles, avait remplacé le prédécesseur.

o o o

Ayant reçu carte blanche pour le montage du 1er RPIMA/SAS, le Cdt de la 11e DP se rendit en Angleterre auprès de ses camarades SAS où il était bien introduit (4e SAS et Military Cross)
les Britanniques mirent un point d'honneur à faire bénéficier le 1er RPIMA de leur expérience ne cachant rien de leur organisation, de l'instruction et des matériels
Cette aide fut très précieuse, d'autant que la priorité avait été donnée pour la mise sur pied rapide du 1er RPIMA SAS....
C'était il y a trente ans....

Le Gal LEBORGNE

ancien Cdt de la 11e DP
et des SAS des FAFL...

Table des matières

Préface 11
Avant-propos 15
Hommage des modernes aux anciens 19
Objectif 1975 ! La genèse d'une Force spéciale 23
Un régiment peut en cacher un autre 35
Le grand jeu de la sélection 39
La formation spécifique 43
La fabrique des commandos spécialisés 45
La guerre par personne interposée 51
A l'école de guerre… spéciale ! 53
L'entraînement 65
La savane et le piranha 69
Les rats du désert 89
Missions et opérations 111
Mission *Déclic* 113
Il faut sauver Kolwezi ! 117
Opération *Tacaud* 129
Léopard, *Tigre*, *Bonite*… et *Mazurka bis* 135
Le Shérif et le Chérif 161
Opération *Quadrille* 179
Opération *Caban* ou la fin d'un tyran 199
Mission *Pélibonka* 215
Dissolution du GO 217
C'est à Bouar, à Bouar, à Bouar… 219
Epilogue 241
Annexes 247